鍵善

京の菓子屋の舞台裏

今西善也
鍵善良房15代目

小学館

はじめに――菓子屋の舞台裏で動いてきた25年

大学卒業後、父と縁のあった東京の菓子屋で働きました。26歳で京都に戻ってきて、生家である「鍵善良房《かぎぜんよしふさ》」（以下の文章では「鍵善」とする）に入社。菓子職人として本店2階にある工場で、スタッフと一緒に手を動かして菓子をつくること10年。36歳で父から店を継ぐことになり、15代目主人となって今に至ります。

八坂神社《やさかじんじゃ》の門前町である祇園町《ぎおんまち》は、京都一の花街《かがい》という顔もあります。祇園町の菓子屋として、少なくとも享保《きょうほう》年間（1716〜1736）からある鍵善は、江戸時代は公家《くげ》や武家《ぶけ》に菓子を納め、料理屋や茶屋に注文を取りに行くといった商いをしていたようです。小さなコミュニティで続いてきた菓子屋ですが、1970年代から始まった観光ブームによって「くずきり」が全国的に有名になり、〝くずきりを食べに京都に行く〟とまでいわれるようになりました。それはそれで大変ありがたいことですが、店に足を運んでいただいたお客様から、「鍵善さんはお菓子もつくっているんですね」と言われるのは、私としては釈然としないものがありました。でも、「いえ、菓子屋がくずきりもつくっているんですよ」とは、店の手伝いをしていたころはまだ自信をもって言えませんでした。うちは菓子屋なのだから、菓子が先に立たないと。そう考える私が、店の工場に入ってまず取り組んだのは、菓子の見直しでした。

思い返せば、工場にいた10年の経験は大きかった。古参の職人と言い合いをしながらも、より質のいい菓子をつくるためにできることを提案し、少しずつ改善していきました。うちの菓子の原材料をつくってくれる生産者の現場に出向くことは、父もしてきたことで、私もそれに倣いました。お互いに言いたいことを言えるような間柄にならないと、いい菓子は生まれない。菓子の原材料に限らず、うちの菓子に関わる人たちとざっくばらんに話ができることは、私にとっては大事なことです。

菓子はいろいろな人が関わって、できています。それを取りまとめるのが、菓子屋の主人です。うちの菓子のために、いいものをつくってくれる人たちと、私、そして歴代主人との間に培われてきたこと。いつもは光の当たらないところまで、お見せするのがこの本です。

工場でのふだんの菓子づくりの様子もお見せしています。昔ながらのやり方をいつまで続けられるのか不安ですが、「これがいい」とおっしゃるお客様の期待には応えたい。鍵善の長い歴史のなかで変えずにきたこと、大切にしていること、今ある姿を本書から感じていただければと思います。

徳島・土成町《どなりちょう》。
12月、サトウキビを収穫し、
年に一度の和三盆糖づくりが始まる

鍵善で使う和三盆糖《わさんぼんとう》は、友《とも》江《え》製糖所のもの。代々受け継ぐサトウキビの種苗《しゅびょう》採りから栽培、加工まで一貫生産する希少なつくり手。

和三盆糖を木型に固め、打ち出して干菓子に

鍵善の代表銘菓「菊寿糖《きくじゅとう》」。和三盆糖を微量の水で湿らせて、菊の形に打ち出す。職人の力加減で、口の中でほどける仕上がりになる。

奈良・大宇陀。
宇陀川の水温が
もっとも下がる時期に始まる、
葛粉《くずこ》の寒晒《かんざら》し

江戸時代初期から葛の製造が始まった大宇陀《おおうだ》の里。古《いにしえ》からある宇陀川の流れ。時を経ても変わらないものを、鍵善の菓子づくりに見る。

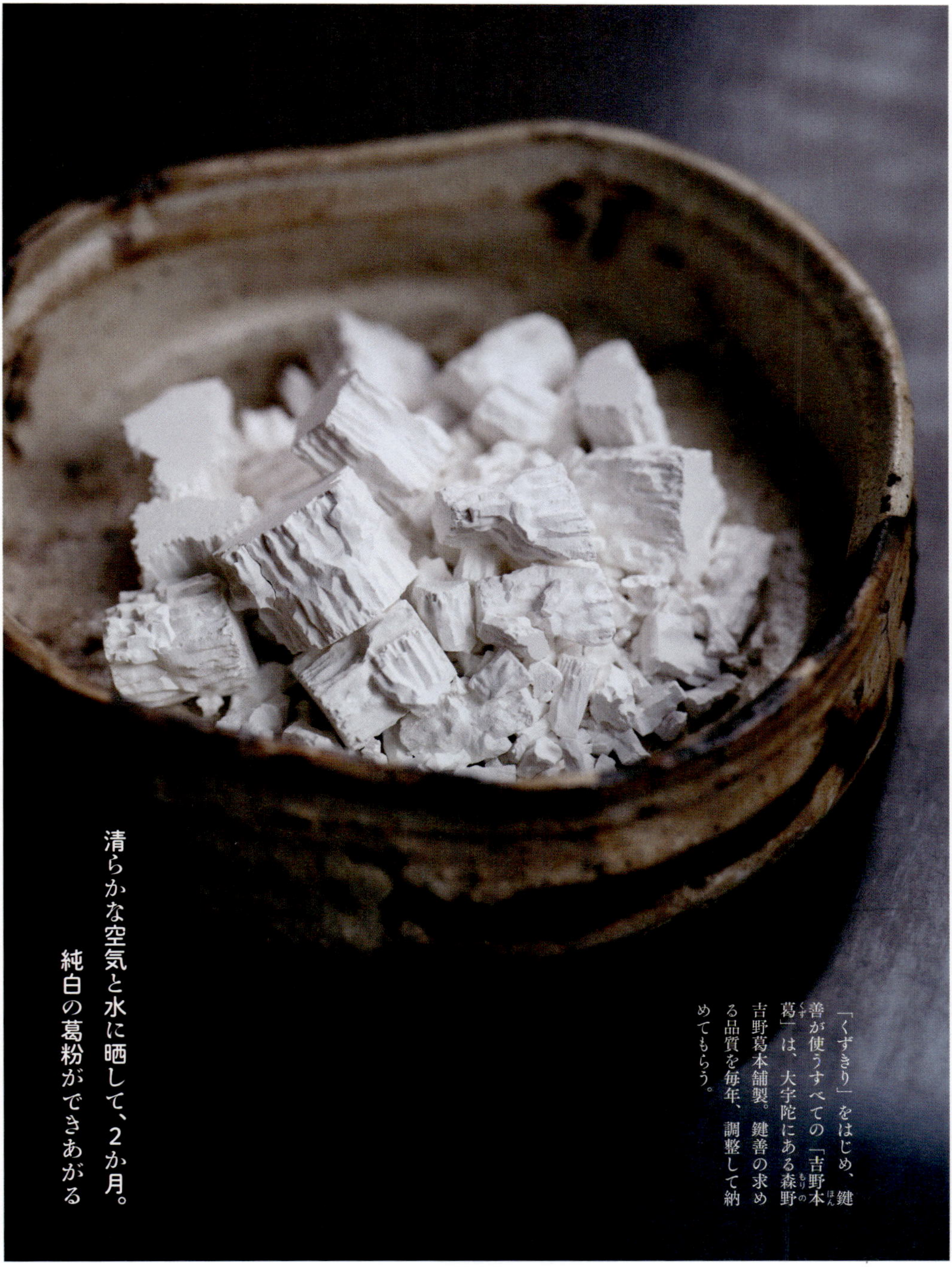

清らかな空気と水に晒して、2か月。
純白の葛粉ができあがる

「くずきり」をはじめ、鍵善が使うすべての「吉野本《ほん》葛《くず》」は、大宇陀にある森野《もりの》吉野葛本舗製。鍵善の求める品質を毎年、調整して納めてもらう。

おいしさを追い求めれば、
昔ながらのやり方に返っていく

米などの穀物からできた粉や砂糖を混ぜて、落雁《らくがん》の生地をつくる。その日の気温や湿度、ふるいにかけたときの手で感じる湿り具合を頼りに、口あたりを調整。

菓子を通して、会話が弾むひとときを届けたい

季節の移ろいが景色となる落雁などの折詰「園《その》の賑《にぎわ》い」。迎春版は箱の中が特に華やぐ。目と手を使って、色と形の異なるものを、眺めよく詰める。

目次

鍵善の菓子箱のふたの内側に貼る「所番《ところばん》」。今でいう製造元表示を意味するもので、その名残。屋号の鍵をはじめ、宝尽くしの図柄が描かれた縁起のいいデザイン。左ページ／鍵善で現在使われている包み紙の一部。

第1章 この菓子の舞台裏にいる人たち

「菊寿糖」と和三盆糖屋さん

「菊寿糖《きくじゅとう》」は鍵善に残るいちばん古い菓子であり、店を代表する菓子でもある。

まだ砂糖を舶来品に頼っていた江戸時代に、日本で砂糖を生産するべく国内各地で製法が編み出されたという。黒砂糖は奄美大島などで、白砂糖は四国の阿讃《あさん》山脈のふもと（北側が香川県、南側が徳島県）で製糖技術が磨かれた。この白砂糖を和三盆糖《わさんぼんとう》と呼ぶ。

今でこそ和三盆糖を使った菓子をいろいろな場所で見ることができるが、生まれた背景から考えても、昔はとても高級なものだったであろう。菓子に使うにしても、まぶしたり、何かに混ぜていたようだ。

鍵善は、和三盆糖のみの打ち物（木型に詰めて打ち出した干菓子）を最初につくったといわれ、それがこの「菊寿糖」。江戸時代には、希少な砂糖を使って菓子製造が許された菓子屋は「上菓子屋《じょうがし》」と呼ばれ、区別されていた。鍵善はそのうちの1軒であったこともあり、珍しい和三盆糖だけの菓子をつくることができたのだろう。店に残る「菊寿糖」のいちばん古い木型が、元治《げんじ》元（1864）年製。古看板（本店の入口正面にある）には「かたくり製　菊

和三盆糖を木型で打ち固めた干菓子「菊寿糖」。江戸時代から残る木型と同じ菊の図柄を今も使っている。繊細に描かれた花びらを1枚も欠けることなく打ち出すのは熟練職人のなせる技。

寿糖」と記されているので、初めはカタクリの根からできた粉に和三盆糖を混ぜたもので、そこから和三盆糖だけの菓子へと変わっていったのかもしれない。

　古くから菊の花の露には無病息災、不老長寿の効用があると信じられていた。中国の故事「菊慈童《きくじどう》」をもじった「菊寿糖」という縁起のいい菓銘《かめい》。美しい菊の形に上品な象牙色。和三盆糖の洗練された甘みとコクのある滋味が、ほかにはない菓子になっている。

おいしい和三盆糖は、サトウキビの畑づくりから

「菊寿糖」と同じく和三盆糖だけの打ち物「おちょま」ほか、鍵善で使う和三盆糖は、すべて徳島県阿波《あわ》市土成町《どなりちょう》にある友江《ともえ》製糖所によるもの。

　土成町を含む一帯は阿讃山脈の山すそに位置し、古くから和三盆糖の産地として知られる。和三盆糖の原料は、サトウキビ。友江製糖所の主人・友江昭人《あきひと》さんは、祖父から受け継ぐ種苗《しゅびょう》（種《たね》キビと呼ばれる茎）を守り、栽培している。

「この地域は扇状地のため水はけがよく、日照も良好。そのため、サトウキビを育てるのに向いていました」

　四国といえば温暖な印象があるが、このあたりの冬の冷え込みは厳しい。年に1、2回は雪が降ることもある。寒さから身を守ろうと、サトウキビは内側に糖を蓄える。その性質を利用して、糖度が最大限に高ま

友江製糖所のサトウキビ畑は総面積3ha《ヘクタール》。2月に植えた種が、収穫時は高さ3mを超すまでに成長。サトウキビは傷《いた》みやすく、刈り取った分はできるだけ早く加工まで終える。シーズン中は朝3時に起きる。

全
第
一

UNMEI
C-50NC

る11月末から12月にかけて収穫を行うのが慣例だ。
サトウキビは傷みやすいので、収穫したらすみやかに搾《しぼ》り、アクを抜き、煮詰めて結晶化までもっていかなくてはならない。結晶化したものが黒砂糖だが、和三盆糖はそこからもうひと手間、ふた手間を加えて白い砂糖に仕立てることになる。外の気温が下がれば下がるほど、糖の結晶化が早く進むので、作業効率がいい。そういう意味でも、和三盆糖が冬季、阿讃山脈のふもとでつくられてきたのは風土の理にかなっている。

昭人さんの祖父は、若いころは和三盆糖の研《と》ぎ（和三盆糖を仕上げる最後の工程で、手作業のなかでもっとも技を必要とする仕事）職人だったそうで、そこから転向して製糖所を立ち上げたという。製糖所の仕事は、サトウキビを育てる農家と提携し、納められたサトウキビを和三盆糖に仕上げること。これが今も多くの製糖所のやり方だ。昭人さんの祖父はサトウキビ農家でもあり、2代目の父は、さらに畜産農家も兼業していたそうだ。3代目として家業を継いだ昭人さんは、畜産の仕事を手伝いつつも、サトウキビづくりに面白みを感じるように。父の引退をきっかけに畜産業は手放し、土地をサトウキビ畑に変えてしまった。

「つくり手の高齢化はどこでも問題になっていることですが、うちの地域でも同じです。この先も、質の高いサトウキビを確保していくためには、自分で育てるのがいちばんいい、と。まだ体力もあるし、やれるならやろうと思って」

昭人さんは私と同年代。3、4年前から、自社農園のサトウキビでま

収穫された太キビ。昭人さんの祖父の代からサトウキビはこれ。太いほうが糖度を上げるのに効率がいい。

かなうことに本格的に移行したという。私は日ごろから、「菓子は農である」と思っている。菓子職人の技術でカバーできることもあるが、農作物のできが菓子の味につながることは確かだ。

「畑のつくり方も、毎年、新しい方法を試しています。うちの畑を見てください、雑草がひとつもないでしょう？　工場は任せられるときは任せて、僕はほとんど畑にいるんです。おいしい和三盆糖をつくるには、いいサトウキビを育てることが近道ですから」

ものづくりにひたむきな昭人さんと、そんな昭人さんを笑顔でサポートする妻の真由子さん。ふたりの飾らない人柄と真摯な働きぶりがとてもいい。最近は長女の茉尋《まひろ》さんも製造現場に加わるようになり、工場の雰囲気も明るい。

ちなみに友江製糖所と鍵善の付き合いは、わかっているのは双方の父の代から。というのも、昔は菓子の材料の調達は製菓材料店に任せるもので、鍵善でも製菓材料店を通して納めてもらっているものは今でも多い。和三盆糖に関しては、あるとき、その専門店が商いを終《しま》いにし、そこから友江製糖所と直接の取引が始まった。

以前、四国でほかの製糖所を見学したことがある。〝昔ながらの製法を伝える〟ことに重きが置かれ、ともすると観光地化されているように私には見えた。そのような動きが潮流なのに対して、友江製糖所は一般公開もせず、取引先は業者のみ。

数年に一度、徳島まで足を運ぶ機会がある。

「うちに来てもらっても、なんにも面白いところはないですよ」

と昭人さんが申し訳なさそうに言うのだが、

「それでいいよ」

と私が返すのがお決まりになってきた。

「一貫製造は楽しいです。鍵善さんには、特にいい和三盆糖を納めたいと思っています」

とまっすぐに語る昭人さんの姿を見て、私も明日から頑張ろうと思う。いい菓子は、いい原材料をつくる人たちの仕事と、お互いの信頼関係でできているのだ。

始まったら休みなし、の和三盆糖づくり

ふだんは非公開の友江製糖所の和三盆糖づくりをここでざっと紹介しよう。昭人さんが育てているサトウキビは「細キビ」「中キビ」「太キビ」のうちの「太キビ」。ちなみに「細キビ」は「竹糖《ちくとう》」と呼ばれるもので、九州から四国に持ち込まれて伝わった。手で刈り取っていた江戸時代には、茎が細いほうが、都合がよかったという。

3mを超えるまでに育ったサトウキビは、昭人さんの運転する専用機で刈り取られる。その際、機械で完全には刈り取れず、後ろに控える真由子さんたちが、こぼれたものを袋に入れたり、手で刈り取ったり。人間の手が結局は必要なのだ。それは工場でも同じで、ベルトコンベヤーで運ばれて細かく切断される際にも人間の補助が要る。機械で圧搾された太キビの搾り汁は、色は緑色で、竹のような匂いがする。ところがこの汁を加熱し、ア

濾過したてのサトウキビのジュースは甘く、竹のような青い香りがする。

クをとって濾過《ろか》すると、蜜の色に変わるのが面白い。このジュースを味見させてもらうと、ほのかに甘く、大地の恵みを飲んでいるように感じる。次にこの液体を大釜に入れて、熱を加えながら煮詰める。攪拌《かくはん》には櫂《かい》が使われるが、冬場でも、かき混ぜるスタッフは半屋外の工場にいても汗だくである。この「煮詰め」をどこで切り上げるかが職人の勘を要するところで、後の「分蜜《ぶんみつ》」の作業の効率に影響が出るそうだ。

液が冷めると、飴《あめ》色になった砂糖の結晶ができあがる。これが「白下糖《しろしたとう》」で、和三盆糖のもとだ。固体の結晶と液体の糖蜜《とうみつ》が混じった、ザクザクと野趣のある食感と風味がある。伝統的な製法では、木箱に入れた白下糖に重しを置いてゆっくりと圧をかけて糖蜜を取り出す。箱に残った塊を手でほぐし、また圧をかける。これを繰り返して、結晶と糖蜜を分けるのが「研ぎ」で、もともとは盆の上で3回行ったので和三盆糖の名がついたと聞く。飴色の結晶の塊から糖蜜を適度に抜くと、旨みのある白砂糖ができることを発見した昔の人には感心する。

現在の友江製糖所では、「研ぎ」の作業は和三盆糖用に開発された遠心分離機を使う。大きな釜に白下糖を入れ、回転させると糖蜜が流れ出し、白い結晶が残るという仕組み（この作業を「分蜜」と呼ぶ）。機械を導入して負担は少なくなったが、最後の工程では蜜を抜きやすくするために水を少しずつ加えるので、つど、釜の動きを止めて確認する。水を加え

左ページ右上／サトウキビの搾り汁を熱し、根気よくアクをとる。右中／濾過後の搾り汁は飴色に。大釜で煮詰めていく。右下／火から下ろした白下糖は結晶と糖蜜が程よく混じる。左上／結晶化が進んだ白下糖。左中／象牙色をした「一番糖」。左下／「二番糖」は、淡く蜜の色が残る。

すぎると、糖度が下がってしまうので、機械任せにできない。最後にこの白い結晶をふるいにかけて、乾燥させて和三盆糖が完成。これが「一番糖」と呼ばれるもので、いちばん純度が高く、白く、口どけよく後味もいい。

「『一番糖』は、分蜜の作業をしているときから、いい匂いがするんです。ここで搾り出てくる糖蜜だけは、味見したくなりますね（笑）。和三盆糖特有の甘みは、飽きないです」

友江製糖所の場合、サトウキビ1袋（約1000kg）が、白下糖で1樽分（約100kg）に、それが和三盆糖に加工されるとわずか50kg。「一番糖」には高値がつくが、それだけで商いをしていくのは、今の時代は難しい。使い手の要望に幅広く応えるために、等級を下げた和三盆糖もつくることになる。「一番糖」から抽出した糖蜜を再び加熱して結晶化、それを分蜜して「二番糖」ができあがる。同様に「三番糖」以降の作業が続いていく。番手が下がるごとに和三盆糖のきめは粗くなり、色も濃くなる。

ここまでの説明で想像がつくだろうが、和三盆糖のなかでも「一番糖」はかなり貴重だ。製糖所は価値の高い「一番糖」を軸に、おしなべてどの等級も売れるような展開を考えることが必要。和三盆糖づくりを商いにしていくのはたやすいことではないのだ。

鍵善が「菊寿糖」で使っているのは、「一番糖」と「二番糖」のブレンド。その配合は昔から友江製糖所に一任している。その年のサトウキビのできによって、和三盆糖の味にも違いが出るだろう。その調整が確かなので、うちとの付き合いも長く続いている。

江戸時代から同じ形を保つ「菊寿糖」の木型

ここで、友江製糖所の和三盆糖を菓子に仕立てる鍵善の職人の話を。

和三盆糖を木型で打つのは、「菊寿糖」に限らず、ある程度経験を積んだ職人の役目。落雁《らくがん》の生地は糯米粉《もちごめこ》などを使っていて粘りがある。ある程度の力で木型に詰めれば固まってくれるので、慣れない職人でも打つことはできる。ところが、和三盆糖はさらさらしているので、水で湿らせながら固めるのにかなりの力が必要になる。生地を木型に詰めるときにも力を込めるが、口の中でほどけるような硬さに留めておくことが大事。また、打つ回数を重ねるうちに木型は水分を含んでくるので、余計に重くなる。重い木型をリズムにのって、素早く打つ。和三盆糖の打ち物は、力仕事でもあるのだ。

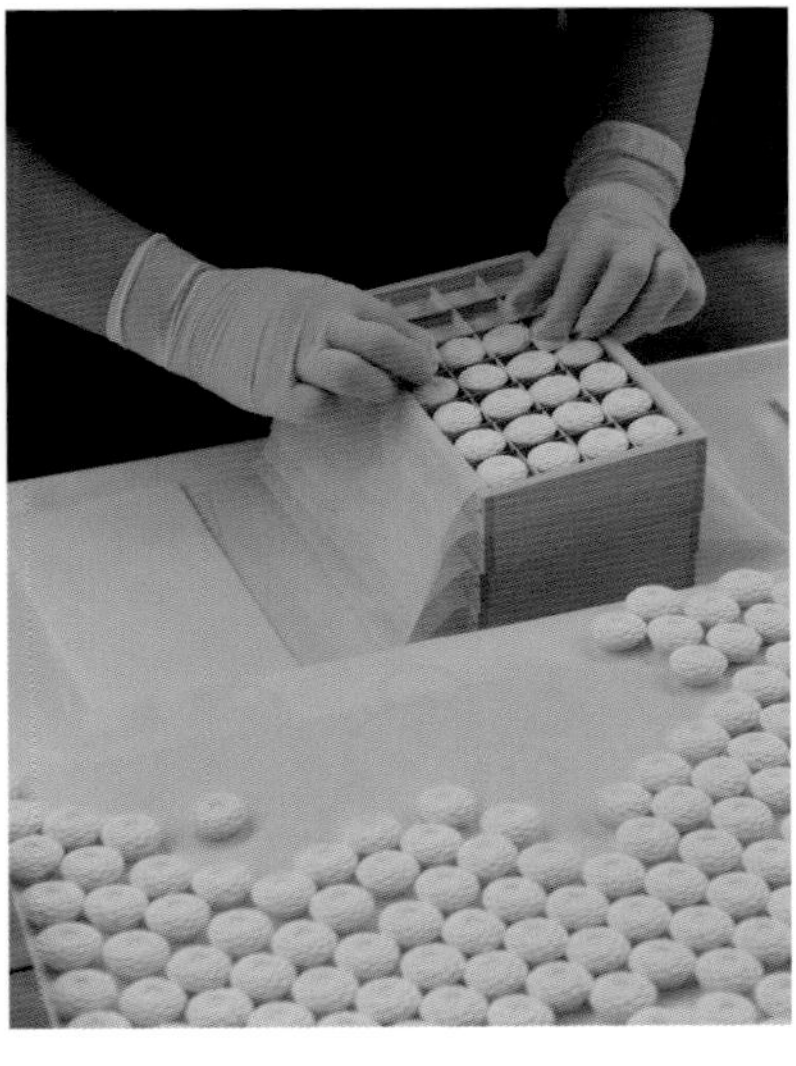

打ち出された「菊寿糖」を木箱に詰める。1本の木型から同時に9つ打ち出されるが、その並びのまま詰めるわけではなく、詰めるスタッフが並べ方を工夫する。表情が異なるものをバランスよく詰め込む。

冒頭にも記したが、「菊寿糖」の木型は、少なくとも江戸時代には存在していた。琳派《りんぱ》の絵師たちが表現したような形で、菊の特徴をとらえながらも、丸く、愛らしくデフォルメされている。ひとつにつき53枚もの細かい花弁がつくのも贅沢《ぜいたく》。1本の木型に縦に9つ、菊が彫られているのだが、手で彫っているためか、表情がひとつずつ微妙に異なる。その味わいも含めて、昔の人のセンスにはかなわないなぁと思う。また、この大きさにも注目してもらいたい。幅は約2.5㎝。指でつまんで、口に入れたときにちょうどいいサイズ。厚みも適度なので口の中でほどけやすく、口に広がる甘みも程がいい。

さらには、木型を打つ立場から見ても、この型はよくできている。花びらが細かいため、打ち出したときに図柄が出にくいと思われがちだが、陰影がついているので実はそれほど難しくはない。自社商品を褒《ほ》めるのもなんだが、「菊寿糖」は奇跡のような木型であり、はるか昔から完成されていた菓子なのだ。だから、歴代主人は江戸時代から残る木型をそのまま写し、同じものが残ってきたのだと思う。

打ち出された「菊寿糖」を箱に詰めるのは、熟練のスタッフたち。職人がそれぞれの木型で打ち出したものから選び、箱の中に並べる。少しずつ違う形で、違う表情を見せる菊を、目の感覚に任せていい塩梅《あんばい》に並べるのが腕の見せどころである。

もしこの菊の木型が機械でつくられて、まったく同じ形が並んだとしたら？　箱を開けて、目が惹《ひ》きつけられることはないのかもしれない。

右／「一番糖」と「二番糖」をブレンドした「菊寿糖」。左／「一番糖」のみで打った「菊寿糖・白《はく》」。比べると、白さの純度が歴然としている。口どけも極上。

コロナ禍に生まれた「菊寿糖・白」

新型コロナウイルスが蔓延《まんえん》していたころ。茶会も茶の稽古も中断され、和菓子の消費量が多いといわれる京都でも、大打撃を受けた。和菓子のつくり手が取引先である友江製糖所もその影響で、「一番糖」が売れ残るという事態が生じた。

　昭人さんから相談を受けた私は、「一番糖」だけで打つ「菊寿糖」を考案。値段は上がるが、新しく加わった「菊寿糖・白《はく》」の別格の味の虜《とりこ》になる人もいて、販売は続いている。

　友江製糖所のような、きちんとものをつくるところが倒れてしまったら、鍵善も困る。ほかに取引先を探せばいい、という話ではない。悩みがあれば共有し、どうするかを一緒に考えるのが、菓子屋にできることだろう。

「くずきり」と氷屋さん、葛屋さん

朝、鍵善のバックヤードにだれよりも早く入るのが、氷屋さん。祇園《ぎおん》町《まち》には氷屋さんが何軒かあって、料理店や茶屋、酒場などの得意先をもつ。店の要望に合わせて氷を製造・管理し、届けるのが彼らの仕事だ。

鍵善本店の喫茶室は10時開店。その前にスタッフはひと通りの準備をしなければならない。ということで、氷屋さんは7時前後に店前に到着。荷台から氷を下ろし、台車にのせて調理場へ。そこでさらに小さく切り分け、冷凍庫に収めて立ち去る。店を訪れた痕跡は、冷凍庫に整然と詰められた氷と、通い帳に書き留められた納品数のみ。長らく、「有澤《ありさわ》アイス」の有澤稔夫《としお》さんとこんなやりとりを続けてきた。86歳で商いを終うことを決断し、有澤さんの仕事は現在、「森田氷室《もりたひょうしつ》」の森田吉美《よしみ》さんと息子さんたちに引き継がれている。

「今日納めただけでも板氷が11枚（約165kg）。こんなに毎日氷を使う店は、京都でもほかにない。鍵善さんはすごい、というより面白いわ。

京都の大名物になった「くずきり」。輪島塗《わじまぬり》の漆黒《しっこく》の器と「くずきり」、きらめく氷の対比が美しい。

有澤稔夫さんの引退前の仕事ぶり。86歳まで現役で働いた。72時間かけてつくる三重県産の氷を扱っていた。

酒場でもないのに」

と以前、有澤さんが笑いながら教えてくれたことがある。

なぜそんなに氷を使うのか。鍵善の「くずきり」の器に、大きなかち割り氷が入るからである。「くずきり」のふたつきの漆器は、12代目主人・善造《ぜんぞう》が木漆工芸家《もくしつこうげいか》の黒田辰秋《くろだたつあき》に依頼してできたものだ。今の時代でも贅沢な演出だが、たっぷりとした器に氷がゴロン、と入った冷たい「くずきり」は、昔はたいそうなごちそうだったのだろう。うちのスタッフが手で割ることで生まれる、ふぞろいな大きさ。器の底で泳ぐ氷の透明な輝きは、いい眺めである。

有澤さんから森田さんへの引き継ぎの日。森田さんも氷が溶けにくい、三重県産の氷を扱っている。

「くずきり」の仕出しに欠かせなかった氷

「葛切《くずき》りの発祥の地は鍵善さんですよね?」

ときどき聞かれるのだが、誤解である。葛の根から取り出したでんぷん質の粉（葛粉《くずこ》）は、古くから日本人の暮らしのなかにあって、食用、または薬として使われてきた。葛切りに似たような食べ方は、すでに室町時代中期にはあったという。もちろん当時は高貴な人の口だけに入ったのだろうが。

鍵善では、少なくとも昭和初期には葛切りを提供していたらしい。葛切りはそのころ人気があった食べ物ではなく、どちらかといえば世間から忘れられていたものを、うちの店が「くずきり」という商品に仕立てて復活させたと聞いている。12代目・善造は好奇心旺盛な人物で、文化芸術にも造詣が深く、民藝《みんげい》運動に携わる人々とも交流を深め、店は文化人、芸術家たちの集まる文化サロンのようになっていた。祇園町でひとしきり遊んだ人たちから、宴席の口直しに甘いものが欲しいといった要望があり、「くずきり」の仕出しが始まったという。茶屋や料理店がたくさんあるこの町ならではのことだ。

「くずきり」の配達には専用の容器が必要となり、せっかくつくるならと善造が親しくしていた民藝運動の作家のひとり、黒田辰秋に注文。信玄《しんげん》弁当に着想を得たという、入れ子構造になったふたつきの漆器は、螺鈿《らでん》が施された贅沢なつくり（113ページ）で、祇園町に集まる感度の高い人々の目を喜ばせたと思われる。後に容器は、屋号の鍵を蒔絵《まきえ》であしらった「慶塚《けいづか》漆器工房」の輪島塗に替わっているが、器の構造は同じ。これがよく考えられた器なのだ。氷水で満たした筒状の器に「くずきり」を入れて、その上に蜜を入れた椀《わん》をのせる。さらにその上に干菓子用の平皿がのり、これは蜜のふたも兼ねている。ふたを閉めれば、「くずきり」も蜜も冷やされたまま、お届けできる。

漆器に大きなかち割り氷が入ると、こんな副産物もある。「くずきり」を箸ですくうとき、器の中を氷が泳いで、コロンコロンと涼やかに鳴る。「くずきり」の入った容器を運ぶ際にも、この音が響く。昔の人もこの音色を楽しんでいたと想像している。

こうした目新しさもあり、夏に、限られたお客様へ仕出しするだけだった「くずきり」は、店頭で提供され、ついには喫茶室で、年間通してふるまわれるまでになった。

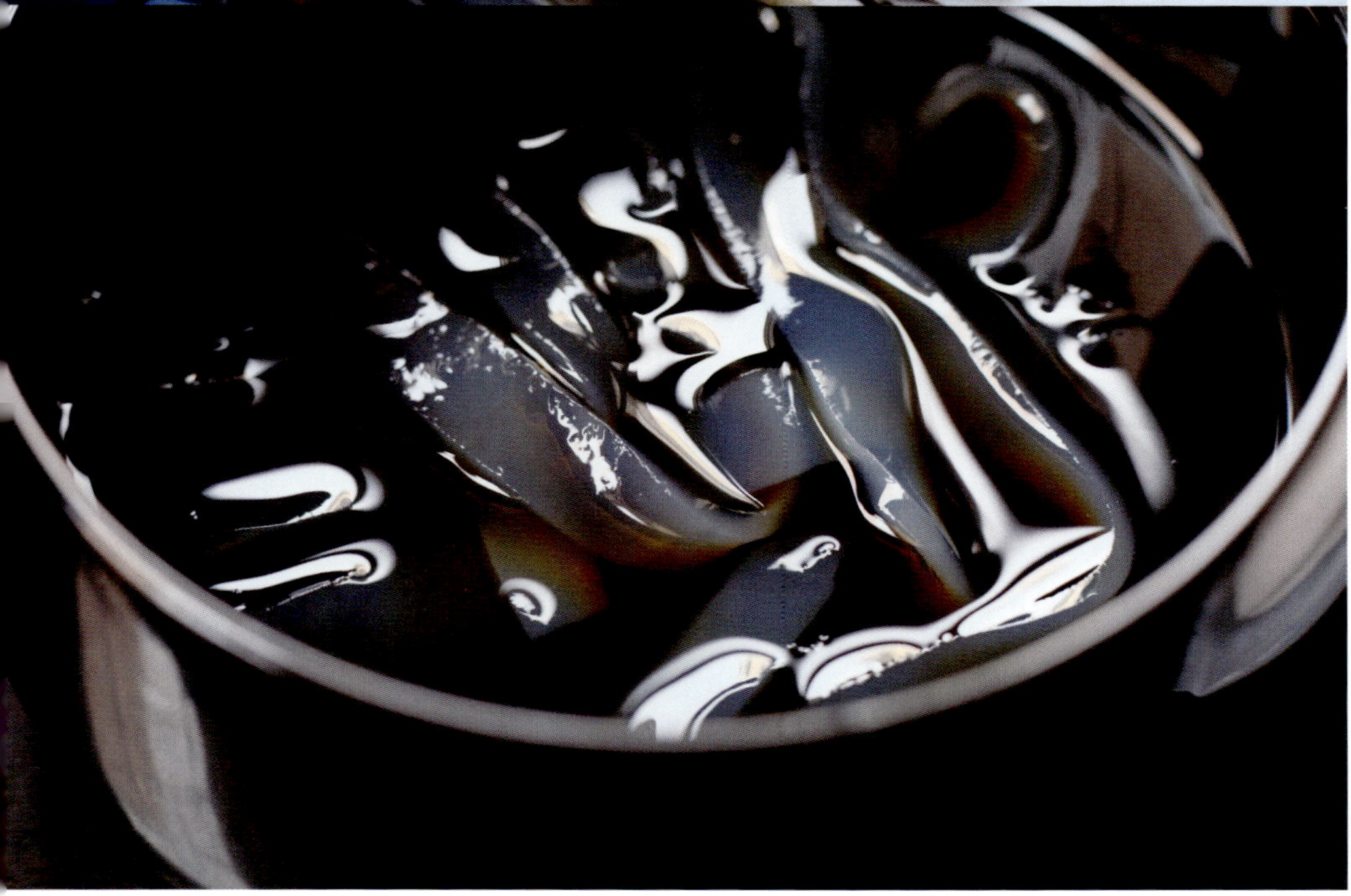

昭和40年代前半、菓子屋がいち早く喫茶室を始めた理由

「くずきり」が評判を呼んで、店の中に喫茶室をオープンするまでになった――こう書くと順調に聞こえるが、実際は喫茶室ができるまでの間に、鍵善は一度休業している。この間に鍵善に起こったことを、簡単にお話ししよう。

昭和17（1942）年、12代目・善造は39歳で急逝《きゅうせい》し、善造の父、11代目・善次郎《ぜんじろう》もその後、他界。戦況が悪化していくなか、相次いで主人を失った店は休業に入る。店に残る黒田辰秋の調度品など、善造が築き上げた鍵善の世界観を後世に伝えたいと、善造の妹・鈴木愛子（私の祖母）は店の再興を考えるように。愛子の娘・晴子（私の母）の高校卒業を待ち、晴子を今西家の養子にして、鍵善13代目主人に据えた。愛子の嫁ぎ先は熱海《あたみ》の「山木《やまき》旅館」だったので、晴子は京都に移住。愛子に助けられながら、慣れない地で晴子は働き始める。そして昭和31（1956）年に店は再開された。

10数年の休業の間に、寺社や茶道の家元などの大きな取引先を失った鍵善は、ゼロからのスタート。店の立て直しにひと役買ったのが、「くずきり」であった。昭和40年代前半、店（現在の本店の改装前）の2階に、喫茶室をオープン。菓子屋が喫茶室を営むのは、今の時代には驚くことではない。しかし先にも触れたが、鍵善は江戸時代には「上菓子屋」の肩書をもつ格式ある菓子屋であったので、この計画は、同じ上菓子屋仲間からも反発があっ

上／72時間かけて製造された氷は溶けにくく、器を冷たく保つ。下／蜜は黒蜜か白蜜から選べる。人気の黒蜜は、波照間島《はてるまじま》産の黒糖を使用。旨みの強い黒糖と淡白な「くずきり」が好相性。

たらしい。そこを踏み切ったのは、旅館の女将《おかみ》として商才を発揮していた祖母と若い母の、前向きな感覚だったのだろう。

母が喫茶室を始めたころと、「くずきり」のつくり方はなにひとつ変わっていない。切り方は昔に比べたら丁寧に、幅をそろえて食べやすくするようになったが。「くずきり」はコシが命である。時間が経てば、透明な葛が白濁してコシがなくなってしまうので、つくり立てを出すことが、おいしさを届けることになる。そのため、工場の一角は「くずきり」専用の場で、鉄釜は常に湯がたぎり、シンクには冷たい水を張っている。

つくり方はごく単純。葛粉は前もって水と合わせておき、注文が入ったところで、1人分を料理道具専門店「有次《ありつぐ》」であつらえた銅製の丸く浅い平鍋に流す。ひとつの鍋に、1人分しか流さないのは、素早く熱を通すためである。その鍋を鉄釜に入れ、持ち手を水平に保ちつつ回転させながら湯煎《ゆせん》。これも、熱を均等に早く伝えるための動きだ。白い葛が透明になったら、火の通った証拠。冷水の中で鍋から葛を離し、葛を引き上げて包丁で叩《たた》くようにして切る。まだほんのりと温かい葛は、お客様の席に運ばれるうちに、容器の中で冷やされてちょうどいい具合に締まる。これも、大きな氷を入れる効果である。

京都の夏は暑い。近年は暑い日が長く続く。「くずきり」でひととき涼をとろうと、たくさんの人が足を運んでくださる。こんなときは、朝の納品だけでは氷が間に合わない。しかし、心配無用。その日の天気、気温、人の往来などを踏まえ、長年の経験則から必要

右上／納品された氷は水で洗い、アイスピックで適当な大きさに。右下／特注の銅鍋。葛粉は火が通ると無色になっていく。左上／鍋から取り出した葛。ぷるんとした食感は、このコシがあってこそ。左下／葛粉を溶いた液を火にかけてから、包丁で切り終えるまで、ものの1分ほど。菓子職人は鍵善に入社後、「くずきり」の製造を最初に覚える。担当は当番制。

な量を算出して氷屋さんが適当な頃合いに届けてくれる。「くずきり」をいつでもお客様に提供できるのは、氷屋さんとの連携プレーがあってのことである。

「くずきり」の味を決める大事な葛粉

先に説明したように、「くずきり」に入るものは葛粉と水だけだ。ごまかしようのない味が、これだけ長く人々に愛されてきたのは、葛粉がいいからにほかならない。

鍵善が使うのは、奈良・大宇陀《おおうだ》にある森野《もりの》吉野葛本舗の「吉野本葛《ほんくず》」。森野家は葛粉づくりに携わって４５０年以上。森野家とは双方の父の代から家族ぐるみの付き合いで、私は小さいころから、ここに通っていた。鍵善の主人になってからは、社員研修としてスタッフを連れて訪れる。材料をつくる人を知れば、菓子づくりにも身が入ると思うからだ。

吉野地方の中でも大宇陀は、水質に恵まれ、冬は底冷えする地域。１年でもっとも寒い時期は、空気も水も澄んでいる。冷えた地下水を使い、長い工程を経て行われる葛の精製には最適なのだ。吉野近郊で行われる古式の製法を〝吉野晒《ざら》し〟と呼び、それによりつくられた葛粉が１００％のものを「吉野本葛」と名付け、ほかの葛粉と区別している。

森野藤助《とうすけ》さん。工場裏には10代目が残した日本最古の薬草園「森野旧薬園《きゅうやくえん》」があり、その管理も担当。

古式では、完成した葛のでんぷんを豆腐一丁大に手で割って、自然乾燥。今も要望に応じてこの方法で精製。

森野吉野葛本舗の20代目主人・森野藤助さんも私と同年代。率直に物が言える相手だと思っている。そして森野吉野葛本舗に信頼をおく理由は、質のよい葛粉を扱っていることはもちろん、こちらの要望に真摯に耳を傾けてくれるところである。葛も農作物である以上、毎年同じものができるとは思っていない。うちが希望するのは、専門用語では「リキがある」という、コシの強さである。

10年ほど前、気候変動や大気汚染などを考慮して、森野さんは屋内型の工場を新設、屋外にあった作業場や乾燥室をすべて移した。屋内に作業場を移しても、暖房はつけず、屋外とほぼ同じ温度で作業をしているのだが。新工場になった最初の1年こそ、以前のものと同じようには安定しなかったが、何度も葛粉の試食を繰り返しながら、すぐに私たちの求めるものに近づけてくれた。それからも森野さんは、事前に検品（試食）をして納品、と常に慎重に対応してくれている。

「取引先が葛粉をどのように加工するのか。それに適した葛粉を吟味して届けるのが、私たちの仕事です。鍵善さんの『くずきり』は、葛と水のみでつくる純度の高いお菓子なので、葛の善し悪しがすべてです。食感が味を左右するので、自分たちでも葛を調理して、食べたときの感覚を頼りに出荷するものを決めています」

さて、森野吉野葛本舗の葛の精製現場から、葛粉の仕上げを簡単にご案内しよう。葛の仕込みは、ふたつの段階を経る。寒さに備えて養分を蓄えた葛の根を、山中から掘り起こす。葛の根を粉砕《ふんさい》したら、繊維とでんぷん乳《にゅう》（粘度のある白濁した液体）に分ける。ここまで

上／葛の根は西日本各地で活動する「掘《ほ》り子《こ》」から届く。下右／あと1回、水に晒す前の状態がこの程度の濃さ。下左／灰色がかったでんぷんが、数か月の乾燥でここまで白く、きめこまやかな質感に変化する。

が「掘り子」の仕事。森野吉野葛本舗の仕事は、でんぷん乳を水に晒して、でんぷんを取り出すこと。ゆっくりと時間をかけて乾燥させて、純白の葛粉に仕上げることにある。

「葛の精製は、気の長い作業です」

とつぶやく森野さんの声が、静かに工場の中に響く。工場といっても、そこで働く人数はわずかで、その何倍もの数のステンレス製の水槽が大きな空間に並んでいる。土が混じったドロリとしたでんぷん乳から始まって、アクやゴミを取り除きながら、水を替えては沈殿させることを繰り返し、でんぷんの濃度を高めていく。

「最終工程では、水槽内の葛の濃度をぐんと上げます。その場合、沈殿が終わるまでに5日ほどかかります」

攪拌作業には機械を使うが、沈殿は自然にゆだねるしかない。手を入れてしまうと、細かいでんぷんの粒子を傷つけるからだ。水槽から引き上げられた葛は、水切りをして乾燥させ、3か月ほど寝かせると、硬く締まって白が冴《さ》えてくる。こうして葛粉ができあがる。

「くずきり」で商いを続けていくには覚悟がいる

ごくわずかな材料で、単純作業であっという間にできる「くずきり」。隠すことも何もないので、うちはテレビの取材などでもすべての工程を見せている。仲間内からは「おまえのとこは、水を売ってる」とからかわれることが、いまだにある。それでも後に続く人がいないのは、実際にやってみたら大変だと、少しは想像がつくからだろう。

葛粉だけは、箱を開けて水に溶いてみるまでわからない。期待と違うものが届いたら、加える水の量を変えてみたり、水と練る時間を再考、または熱を加減してみたり。菓子職人にも、調整できることはいくつかある。店を継いでわかったのは、「くずきり」はとても手間がかかるということだ。ぽつりぽつりと注文が入るようでは準備が無駄になる。うちのように、1日の注文数がある程度読めるようにならないと、商いにすることは難しい。

おかげさまで、鍵善の「くずきり」には長年にわたってたくさんのお客様がいてくださる。子どものころ家族に連れられて、もしくは修学旅行で食べたのをきっかけに、京都を訪れたら鍵善に寄る、というような方の多いこと。お墓参りなど家族行事とうちの「くずきり」がセットの方もいる。大げさにいえば、人生の思い出に「くずきり」があるようで、気を抜くことができない。それだけに、

「昔のほうがおいしかった」

と言われるのは、こたえます。味の記憶は美化されていくものだと自分を振り返ってもわかっているのだが、この言葉がいちばん怖い。

「そうですか、気をつけます」

と言うしかない。率直に言っていただけるのもありがたい話だ。そのたびに、変わらずにさらにいいものを提供していくしかないのだと、気を引き締める。

「甘露竹」と竹屋さん

祇園町にある菓子屋としてやってきて、いいなぁと思うのは、こんな遊び心のある菓子を心から楽しんでくれる人たちに恵まれてきたことだ。

「甘露竹《かんろたけ》」は竹筒に水羊羹《みずようかん》の生地を流し、笹《ささ》の葉でふたをしたもの。底の節に錐《きり》で穴を開けて、そっと振ると水羊羹がすべり出てくる。青竹の滴《したた》るような緑と笹の香りが、涼やかだ。昔からあったものを、私の母である13代目主人・晴子が昭和36（1961）年ごろに復活させた。店を再開してから5年ほど。休業していた間も残っていてくれた職人や私の祖母・愛子と相談しながら、店の顔になる菓子をと考えたのだろうか。

祇園町の人、そこに引き寄せられる文化人たちは新しいもの、楽しいことが好き。この水羊羹も大人のしゃれた演出として喜ばれたに違いない。そして街として成熟している京都は、腕のいい職人が近いところにいくらでもいる。「甘露竹」は、同じ長さに切りそろえた竹筒を毎日の

上／職人一丸となって製造を終えて、出荷を待つ「甘露竹」。鍵善では古くから笹の葉でふたをしていた。下／まだ冷たいデザートが少ない時代に、京の人の舌を喜ばせた夏の甘味。

京・ぎをん
鍵善

右から堀よし子さん、髙城つる子さん。2024年8月現在、よし子さん77歳。つる子さん75歳。

ように納めてくれる竹屋さんがいて、成り立っている。

鍵善から程近い五条《ごじょう》の住宅街に、堀よし子さんが5代目主人を務める竹定《たけさだ》がある。弓づくりに始まり、よし子さんのお父さんの代で竹細工に転向した。よし子さんは父の仕事を見ながら竹の扱いを学んだそうだ。夫を亡くした後は、実妹の髙城《たかしろ》つる子さんと一緒に家業を継いでいる。

竹定の倉庫と作業場と販売所を兼ねた京町家《きょうまちや》は、訪れるたびに驚きのあるつくりだ。京町家は台所と走り庭が吹き抜けになっているが、ここは家全体が吹き抜けのようなもので、だからこそ竹が収納できるともいえる。風が抜けるため蒸れにくく、竹の管理には適している。

「甘露竹」に適した竹を見つけるのが難しい

「甘露竹」の青竹は、四国や九州から業者を通して竹定に集められる。

「同じ直径でそろえられるように、『甘露竹』の規定に合う直径が測れる定規《じょうぎ》をつくりました。もちろん竹の手づくりよ（笑）」

よし子さんが手にする定規は、ふたつのサイズが測れるようになっている。「甘露竹」の最大と最小の直径。自然のものなので、適したサイズがひとつだけでは、使える竹はごく限られる。そのため、〃ここまで

右上／洗い場のつる子さんは、銅のたわしで傷をつけないように1本ずつ竹を洗う。左上／約12㎝の長さに切る前の状態。下／直径も長さも同じようにそろえられた、青竹の竹筒。

なら許される〟太さと細さを想定しているのだ。太さをできるだけそろえて、さらにチェックポイントがある。

「竹の内側の肉が厚すぎるものがあるの。ほかの竹筒と同じ量の水羊羹が入らなくなってしまうから、使えないわね。こればかりは仕方ない。つまりは、切りそろえたものを、1本ずつ確認していくことになるわね」

と、よし子さん。1本の竹から「甘露竹」に適したサイズが10本とれることもあれば、3本もとれないときがあるそうだ。

よし子さんがあらかた切り落とした竹を洗うのが、実妹の高城つる子さん。表面が削れると商品にならないので、あたりのやわらかい銅のたわしを使う。竹の汚れはしつこいので、2日も使えばたわしがへたってしまうそうだ。そうして整えられた竹を、規定サイズに切断。粉が広範囲に飛び散るし、神経を使うので、作業は店を閉めて行う。朝から昼過ぎまで切ることに集中するそうだ。青竹は切ってから色が変わりやすい。そのため、まとめて作業することには適していない。鍵善の販売数に応じて、そのつど納品してくれる。

こんな面倒なことをお願いしているうえに、「甘露竹」の製造は長丁場。毎年4月1日から9月下旬までほぼ半年間続く。鍵善と併走してくれていることに感謝している。

「晴子さんが水羊羹を始めた当初から、うちの竹を使ってくれているのではないかしら。そのころのこと、ぼんやりと覚えているんです。実は主人が生きていたときから、鍵善さ

「甘露竹」用の青竹を運ぶよし子さん。作業場の町家は天井が高いので、長い竹の収納に都合がいい。

んの竹の用意は私の役目だったの。だから夫がいない今も、同じことができるのよ」と明るく話すよし子さん。鍵善との付き合いも、60年以上になったということか。つる子さんと力を合わせて、できる限り続けてもらえることを願う。

竹を器に見立てて菓子がつくれる幸せ

成長が早い竹は、ほかの木材の代用として昔から重宝されてきた。茶道が確立された桃山時代から、茶室をはじめさまざまなところで竹のしつらいが定着し、その細工が磨かれた。京都にはさまざまな竹と竹細工の専門店がある。京都に暮らす身としては、竹が容器として使えるうちは使いたい。ところが近年は、衛生面からも自然の竹を食べものと取り合わせることを避けるという声も聞く。かつては「甘露竹」に似た、竹筒入りの水羊羹を京都の菓子屋で見ることができたが、今、同じように続けている店はごくわずか。全国で販売するような大量生産の品は、青竹風のプラスチックケースに替わっている。

自然の竹を器に使ってきた鍵善では、「甘露竹」をお求めになったお客様から、竹筒に入っている水羊羹の量にばらつきがあるとお叱りを受けることがある。私としては、菓子屋の遊びから始まったものなのだから、そこは大目に見ていただけたらと言うしかない。「甘露竹」の前に集まった人たちが、「これが太い」「いや、こっちだ」と睦《むつ》まじく語り合いながら、この菓子にある妙味を楽しんでもらえたらうれしい。

「甘露竹」の贈答用の竹籠の話もひとつ。昭和のある時期までは、船形に編まれた青竹の籠に「甘露竹」がぴったりと収められていた。なんと涼やかで、気の利いたあしらいだろう。いつしか使い切りの籠を安価で編んでくれる職人も減り、鍵善のショーウインドウから姿を消してしまった。現在は四角い竹籠になっているけれど、暑い夏に、目からも涼をとろうとした先人の思いを、「甘露竹」と共に伝えていけたらと考えている。

自分の思いだけでは「甘露竹」を続けていくことはできない。これがいいと愛してくれるお客様、そして竹定のおふたりがいて、今のところ提供できている。

普通の水羊羹よりも手間がかかる「甘露竹」

最後に、「甘露竹」をつくっているころの工場の様子をお話ししよう。

発売開始日の4月1日の数日前から、工場には竹定から竹筒が運び込まれる。工場でも、もう一度竹筒を点検も兼ねて洗う。そのため、シーズン中はひとつのシンクは竹を洗うためだけに使われて、職人たちはその日のやるべき作業にめどをつけたら、終業まで竹筒を洗って備える。

糸寒天《いとかんてん》は寒天のなかでもコシが強く、なめらかで、京都の和菓子づくりに欠かせない。磯の香りを漂わせながら、岐阜県から大きな束で届く糸寒天を、前日のうちから水につけておく。

上／岐阜県産の糸寒天。なめらかな舌触りに仕上がる。下／気泡を立てずに攪拌して水羊羹の生地の熱をとる。小豆の味わいを感じさせながら、はかなく溶ける食感を両立させる。

「甘露竹」づくりは朝一番に全員で取り組む。当番制により、早出の職人が水羊羹の生地をつくる。人数が集まるころに生地ができあがり、手分けをして竹筒に注ぎ込む。羊羹が固まるのを待って、仕上げという流れだ。その日つくる数が多ければ、さらに人数が増える。

　水羊羹のつくり方は、シンプルだ。糸寒天が鍋の中で溶けたら、北海道産の小豆の風味をしっかり味わえるように仕立てたこしあんと塩少々を合わせる。濾《こ》した後、鍋に移して流水につけて、ゆっくりと冷ます。丁寧に攪拌しながら温度を下げていくのだが、どのタイミングで手を止めるのか、ここが難しい。固まらないうちに竹筒に流し入れないといけないのだが、熱が残ったまま竹筒に注ぐと、生地が分離してなめらかさが失われてしまう。

数人がかりで同時に〝鶴《つる》の口《くち》〟から水羊羹の生地を注ぎ込む。重い鍋を片手で持ちつつ、細い竹筒に注ぐのは集中力を要する。

竹筒が細く、ごく少量しか流し込めないので、口いっぱいまで満たすのに時間がかかる。そのうえ、口の端ギリギリのところまで注ぎたい（生地が固まると、かさが減るので）。流し入れている間にも生地の温度が下がることを前提に、その日の竹筒に生地を注ぐ職人の数、気温や湿度、竹筒に含まれる水分量も考慮したうえで、鍋を流水から引き上げることになる。

「あがったよー」

と早出の当番の声がかかれば、その後の流れは待ったなし。職人たちは各持ち場から駆け寄って、「甘露竹」に集中する。とにかく、水羊羹の生地が冷めて固まり始める前に、竹筒に注ぎきらなくてはならない。ここで活躍するのが、「有次」に特注した片手鍋。通称〝鶴の口〟である。注ぎ口が極端に狭くつくってあるので、この作業にぴったりなのだ。次に、容器のふちにこぼれた生地を、水にくぐらせてふきとる。ゆっくりしていたら羊羹が固まるので、これも手早くする。流れ作業で、笹の葉を器用に扱いながらふたをしていく。すべて包み終わって、その日の作業は終了。これを約半年、毎日繰り返す。

「夏が終わるとホッとする」

と職人がぼやいているのを耳にしたことがあるが、これぐらいは頑張らないと。夏は菓子があまり動かず、これを大事にしないとほかに売れるものがない。だからこそ、ベテランから若手まで総出で取りかかれるのだけれども。

水羊羹も「くずきり」と同じく、材料もつくり方もいたって単純なものである。それだけに、いかにきっちりとつくるかが、大切である。

舞台裏コラム1

木箱は上菓子屋の矜持です

うちでいちばん大きい木箱は、「菊寿糖」用のもの。昔は店のショーウインドウにどーんと置いてあったなぁ。縦が30cm、横が20cm強。縦横そろった木の桟《さん》の枡目《ますめ》に88個「菊寿糖」が並んでいる姿は、私が言うのもなんだけど、堂々としていてかっこよかった。

ある時代までは、贈答品といえば木箱入りだった。うちは、もうさすがに桐箱を使うことはなくなったけれど、贈答用は木箱のままだ。「おちょま」は杉箱で、「菊寿糖」「園の賑い」はある時代からモミの圧縮木材に。これは致し方ない時代の流れかもしれない。「菊寿糖」は小さな木箱にも、桟を残している。自分から口にするのは憚《はばか》られるのだが、「菊寿糖」のような、木箱の中にも丁寧に間仕切りのあるつくりの菓子箱が今の時代に残っていること。これが、かつては鍵善が「上菓子屋」と呼ばれる限られた菓子屋で、きちんとした贈答品を必要とした人たちに菓子を納めていたことを物語っているように思う。「上菓子屋」の存在していた歴史を伝えるためにも、形は少しずつ変わっても私は木箱を残していきたい。

菓子が全国に配送されるようになり、箱のサイズも合理化されたが、それ以前は、菓子に合わせた大きさやデザインを、主人が自由に考えていたのだろう。そこで頼りになるのが、箱屋さん。自分の工場で木材をもち、

右ページ／「園の賑い」の箱を手がける永田藤一《ながたとういち》さん。左ページ右／側面を削る前の「おちょま」の箱。左／右から「菊寿糖」を担当する加藤幹弥《かとうみきや》さん、永田さん。家も近所という間柄。

依頼主の注文に応じて最適な材を選び、木箱に仕立てるのが仕事である。

　鍵善がお願いする箱屋さんは京都市内にある「永田木箱店」と「加藤製箱店」。共に現在の主人が3代目で、永田さんの父親に、加藤さんの父親が箱づくりを教わったそうだ。ふたりは暖簾《のれん》分けのような関係だ。

　18歳から働いているキャリアの長い永田さんに聞けば、

「昭和の終わりごろは京都に10軒ぐらい箱屋があったかなぁ。風向きが変わったのは、今から30年ほど前。多くの老舗《しにせ》と取引のある大きな箱屋さんが仕事が減ってしまって、店を畳んで。そこから私も加藤さんも、鍵善さんとお付き合いが始まったのですが……。今は、京都の同業者は数えるぐらいや」。

　佃煮、漬物、和菓子など、京都らしいと好まれてきたおいしいものを収める木箱が、安価なプラスチックや紙箱に代替されたのが理由なんだろうけれど、寂しいことだ。

ただの木箱ではなく
かわいげも加えたい

　木箱にしか表現できないことは確かにあって、たとえばうちの「おちょま」。小さな円錐《えんすい》形に打ち出した和三盆糖の上に小さく紅を打ち、それが舞妓《まいこ》の初々しさを想起させる昔ながらの干菓子だが、その箱は三味線の胴を模して、箱の側面はゆるやかに丸い。永田さんが削ってできるやわらかな線は、紙の箱では表現できないもの。落雁などの折詰「園の賑い」の箱は、花弁を模したような飾りが側面にあしらわれていて、これも手仕事の技。こういったこだわりが、今の時代にどこまで理解されるのかわからない。それでも、お客様を楽しませるために鍵善の歴代の主人が考えた箱の意匠は、残していきたい。

　菓子箱の試作にも、箱屋さんのほうが融通が利くのもいいところ。手でつくるので、早いし。永田さんも言っていたけれど、「こんなんできる？　と聞かれたら、うれしいの。できるかどうか考えるよりも先に『やります！』って言う（笑）」

上／右から「菊寿糖」、「園の賑い」。本店のショーウインドウに、常に飾られている店の顔。下／「おちょま」。和三盆糖の打ち物をひとつずつ、和紙で可憐な花のように包む。箱の側面はゆるやかに弧を描く。

手を動かしていることが、本人も楽しいのだろう。職人ってそんなもんだと思う。鍵善のために、いい加減な仕事をしない、というおふたりに支えられて、私たちの菓子はあるのだ。

早く作業を進めたい永田さんに対して、加藤さんは、永田さんに言わせると「〝辛気臭い〟ほど、じっくり、ゆっくり」。いいコンビではないのかな。

うちの木箱、本当に仕上がりがきれいなのだ。私は仕事柄、包材《ほうざい》があればつい見てしまうのだが、雑なつくりのものが多いなぁ。ただ箱として成り立っているだけではあかんのです。箱に手が触れたときに、中に〝いいもの〟が入っていることを感じてもらいたいじゃないですか。

落雁の図柄は、愛犬モンちゃん（木型彫刻は田中一史さん作）。

菓子屋主人のバタバタ歳時記 ①

【1月】１日／店は休みでも、フレンチブルドッグのモンちゃん（10歳・オス）との毎朝の散歩は変わらず。早朝、暗闇のなかをおっちゃんふたり、トボトボと歩く。２日／お寺に挨拶回り。３日／仕事始め。社員と挨拶を済ませたら、八坂神社《やさかじんじゃ》の初能を見る。10日ごろ／「十日ゑびす」で商売繁盛祈願。「花びら餅」も終盤、ぼちぼち「ひな菓子」に取りかかる。波照間島産の黒糖の新物が届き、味を確認。【2月】月頭／前身は京都の上菓子屋仲間「菓匠会《かしょうかい》」などの新年会に参加。節分／おかげさまでネット上では毎年即完売が続く限定菓子「福俵《ふくだわら》」を販売。八坂神社「節分祭」の豆まきに参加。早い時間は舞妓・芸妓《げいこ》が豆をまくのだが、最終時間は私たち、祇園商店街の組合員が。まぁ、喜んでもらえる。中旬／「ひな菓子」販売開始。冬の間、色のなかった上生菓子も、少しずつ春めく。【3月】３日／この日まで雛祭の上生菓子「ひちぎり」販売。中旬／店頭の菓子は春爛漫。花見小路に「都をどり」のアーチとぼんぼりがつくと、春もいよいよ。鍵善のショーウインドウに島田耕園人形工房の「都をどり」の舞妓人形をひとつずつ並べる。コロナ禍、「都をどり」が中止になった際に始めたことだが、お客様からの評判がよく恒例になってきた。下旬／工場では毎朝全員で「祇園だんご」を製造。桜のピークまで続く。「甘露竹」の青竹を納めてくれる竹定さんがいつものご挨拶に。31日／「都をどり」の会場・祇園甲部《こうぶ》歌舞練場の展示のために菓子を飾る。【4月】１日／「都をどり」開催。会期中は毎年２回くらい鑑賞。「甘露竹」づくりが始まる。北白川にある疏水《そすい》沿いの「銀月アパートメント」のしだれ桜、円山《まるやま》公園のしだれ桜を見られたら、定点観測も終わり。19日／吉田神社の境内にある「菓祖《かそ》神社」の春の例祭に菓匠会でお参り。下旬／上生菓子が初夏のものに変わるころ、モンちゃんが散歩中にハアハアと息を切らすようになる。夏が近い。

第2章 手がかかる！うちの菓子づくり

園の賑い

「菊寿糖《きくじゅとう》」が鍵善という菓子屋の歴史を語るものだとしたら、「園《その》の賑《にぎわ》い」は鍵善のものづくりに対する姿勢を象徴するような菓子だと思う。

箱を開けると20以上の図柄の干菓子・半生菓子《はんなまがし》が、2段重ねにおよそ60個（木箱1号の場合）、ギュッと詰まっている。1年を通して四季折々の花鳥風月が描かれるのだが、この景色は〝月ごと〟や〝季節ごと〟に変わるのではない。野に咲く花や山の緑が季節の移ろいで少しずつ表情を変えるように、箱の中の菓子も少しずつ色を変えていく。

たとえば左ページの写真のような、晩夏から初秋に向かうころは、涼しげな色と暖色が交じり合う。紋切型に季節をとらえないで、日々移り変わる自然を観察して箱の眺めをつくっている。そしてこれらの菓子を自分たちの手で一からつくるのは、とても手間がかかる。

菓子の種類は4つ。落雁《らくがん》（米などの穀物からできた粉に砂糖を混ぜて木型に詰めて打ち出した干菓子）、琥珀糖《こはくとう》（寒天に砂糖を加えて固めた半生菓子）、ゼリー（寒天

落雁の生地を指で木型に押し込む。図柄を出し、程よい硬さに仕上げるため、気温や湿度に合わせて生地を整え、打つ速度も変える。

「園の賑い」。菓子のしおりには随筆家・岡部伊都子《おかべいつこ》の口上が添えられる。写真の品は晩夏から初秋のころに販売。木箱1号。菓子詳細は61ページに。

に砂糖を加えて固め、表面を結晶化させた半生菓子）、生砂糖《きざとう》（砂糖に寒梅粉《かんばいこ》、水を加えて練り、型で抜いた干菓子）。落雁と生砂糖は、図柄も色もくっきりと出るのに対して、ゼリーと琥珀糖は透明感のある色合いが表現できる。組み合わせることで、色や風合いに奥行きが生まれる。

菓銘《かめい》の「園の賑い」とは、昭和の初めごろまで祇園祭《ぎおんまつり》で行われていた女性たちだけの仮装行列の呼び名である。祇園祭とは、祇園町にある八坂神社《やさかじんじゃ》の祭礼で、毎年7月1日から31日まで行われる。7月10日の「神輿洗《みこしあらい》」に先立って行われていたのが「園の賑い」で、舞妓《まいこ》や芸妓《げいこ》たちが各時代の男女の風俗を再現し、練り歩いたという。そのにぎやかで、あでやかな様子を、干菓子と半生菓子の詰め合わせで表現したのだ。

昭和後期に「園の賑い」を大きく刷新

「園の賑い」は、父・知夫が14代目主人となって以降、昭和後期あたりに内容の見直しをしたそうだ。リニューアル前の写真を見ると、落雁、ゼリー、琥珀糖、生砂糖と、菓子の種類は同じ。ところが現在の「園の賑い」と比べると、全体的に単調に見える。いちばんの違いは、同じ形で同じ色をした落雁が、4つや6つ、ひとまとまりに入っていることだろう。整然と並んでいて、悪くはないが、目を惹《ひ》くとは言い難い。

父の時代は、まさに日本に観光ブームが訪れたころ。祇園町のおなじみさんを相手にしていた商いから、不特定多数のお客様に向けて菓子を売るようになった。当時は祇園町に

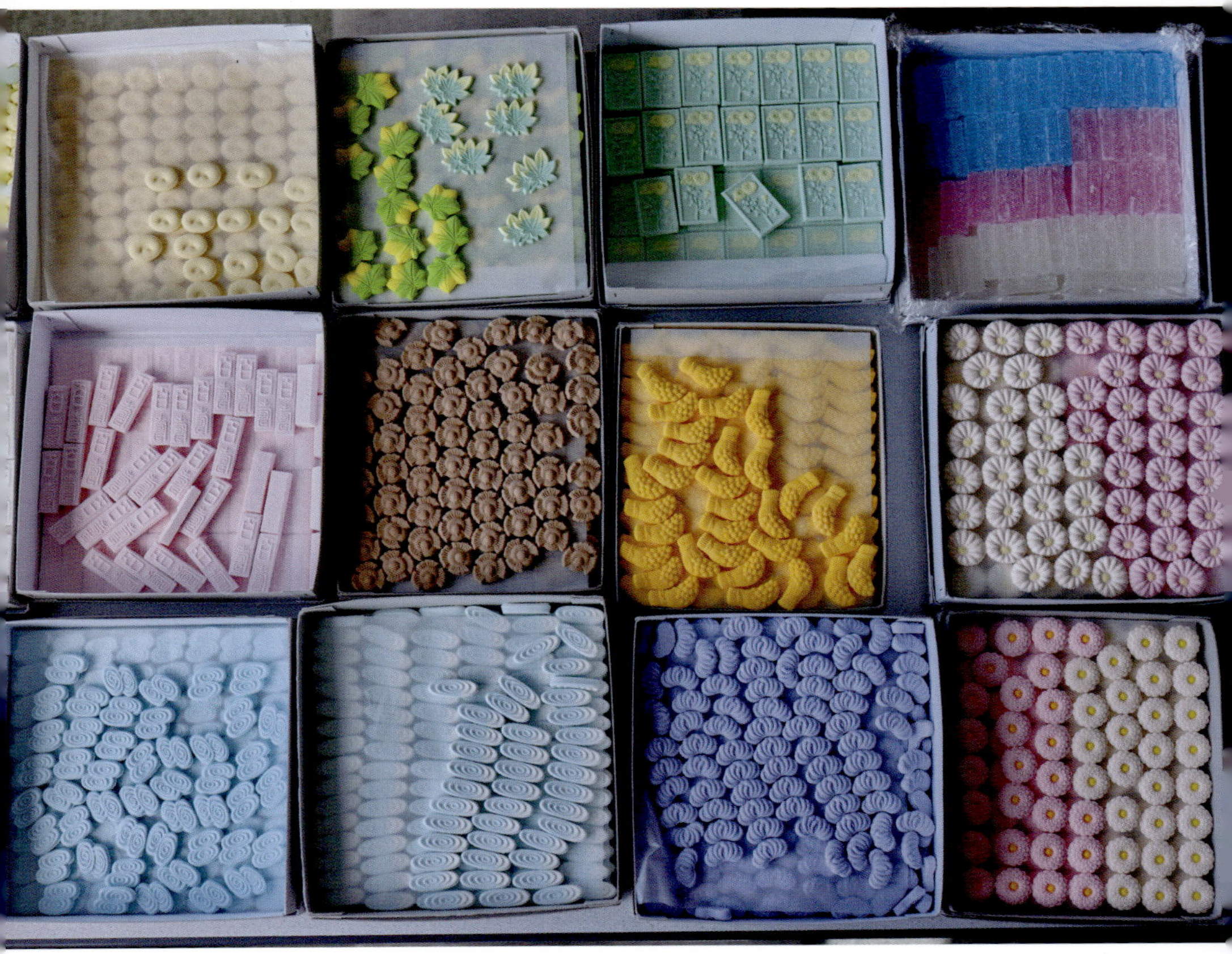

箱に詰められる前の落雁や琥珀糖。「園の賑い」には落雁、ゼリー、琥珀糖、生砂糖が入る。59ページの箱の右下隅にあるのが琥珀糖。その隣にある市松模様や中程にある結び、その上にある菊がゼリー。落雁の上にあしらわれた撫子《なでしこ》と桔梗《ききょう》が生砂糖。残りはすべて落雁。

も、今とは比較にならないほどたくさんの菓子屋があった。鍵善も、それぞれの菓子に個性を出さないと埋もれてしまう。そんな危機感を父は抱いたようだ。「園の賑い」の大半を占めるのは落雁なので、印象を変えたいなら木型を変えるのが早い。しかしながら、打ちたいと思える木型がなかったらしい。

「そのころは、菓子道具店が持ってくる木型の見本の中から主人が選ぶのがあたりまえで、結局はどの店も同じ図柄、形の打ち物が並んでいた」

と父は当時を振り返る。そこで、鍵善だけの図柄を木型に起こすことになるのだが（詳しくは98ページ～）、すでに店には「菊寿糖」というほかにはない木型があったことも、父の決断を後押ししたに違いない。

ところで菓子屋の世界では、「自分たちでつくるもの」と「仕入れ品」が共存するのは、珍しいことではない。たとえば、「もなかの皮」や「あん」「蜜漬けの小豆」などは、専門の業者が取引先の好みに応じて調整、製造して納めることもある。それと同じように、干菓子や半生菓子を仕入れ品に頼ることもよくあり、その製造を分家（暖簾《のれん》分けして独立した職人）に依頼するのは今でもあることだ。他社に仕事を渡しながら、何かあったときには助け合う。これも長く商いを続けていくためのひとつの知恵なのだと思う。

鍵善の「園の賑い」に関しては、かつて、ゼリーは専門業者から仕入れていた。ゼリーの生地は粘度があるので、形が自由にできるし、色を重ねるなど凝った細工ができる。「園の賑い」には市松模様のゼリーが定番だが、実際にこれをつくるとなったらひとりの職人がかかりっきりになる。そこで専門業者に依頼していたのだが、私が主人になってから、その業者の廃業が決まってしまった。廃業前にうちの職人たちと一緒にゼリーの製法を教えてもらい、今では自分たちでつくっている。前々からのお付き合いで、いくつか落雁の仕入れ品が入るが、それ以外は、すべて自分たちの手づくりだ。私の代になって、「園の賑い」に入るものはよりにぎやかに、鍵善らしい眺めになった。

落雁のおいしさを求めて、米粉から見直しを

仕入れ品に頼らず、自分たちの手でつくったものを詰める利点は、味の質を管理できることにある。「園の賑い」がこれまで続いてきたのも、単に華やかで目を惹く菓子だからではない。お客様がその味に納得し、また食べたいと買い求めてくださるからだ。

私がいちばん気を遣うのは、落雁の味。落雁は、砂糖と糯米粉などを混ぜ合わせたものが材料になる。私の理想の落雁は、口に入れたときに米のほろっとした食感があり、米の香りが広がるもので、それに近づけるべく粉の見直しを行った。また、干菓子とはいえ風味のいい新鮮なうちに食べ切ってもらいたいので、店頭に並べる品の消費期限を見直した。米は精米したばかりがおいしいように、米粉《こめこ》も挽《ひ》き立てがいいのは当然である。

口どけを意識して、職人がやわらかく落雁を打つことも大事。打ち出された落雁は、霧吹きで湿らせてひと晩寝かせる。米粉はふくらみながら水分を排出し、いい食感になる。

打ち立てに近いほど香ばしく、口の中でほろりと崩れる。常にいい状態で落雁を提供するには、数を売るしかない。なんとか実現できているのは、私の密《ひそ》かな自慢だ。

仕切りを使わずに菓子を盛り込む技

箱の詰め方にマニュアルはない。ベテランのスタッフと年季の浅い者がひと組になり、向かい合う。使う道具は黒文字（菓子楊枝《ようじ》）だけで、あとは指。四隅をおおかた四角のもので埋めたところで、中程にはさまざまな形の菓子を入れていく。隙間《すきま》には、「宝尽くし」がモチーフとなった極小の落雁を入れる。回数を重ねながら、コツをつかんでいく。

落雁の図柄は年中行事や花など具象性があるので、この時期になったらこれが入るといった決まりごとがある。しかし、季節の移り変わりと落雁の在庫がうまく連動するとも限らない。箱に入れるべきか迷う図柄があれば、私のところまで相談があり、私が判断することになっている。たとえば、「おひなさん」のものは、3月3日を過ぎても、旧暦で考えたら4月までは入れようか、など。これは、肌感覚で決めている。

近年は、お客様の声に応えて小さな紙箱の折詰も販売することになったが、「園の賑い」は箱が大きくなるほど、その眺めに心が躍る。通常は木箱の2号（縦23cm・横16.5cm・深さ4.5cm）と1号（縦23cm・横13cm・深さ4.5cm）を用意しているが、それより大きな箱もある。以前、結婚式の引き出物として特大サイズの木箱をあつらえたことがあるが、その眺めは圧巻だった。

「園の賑い」の詰め技を公開

①四隅から詰め、
上下をかっちりと固定。

②木の葉など
高い場所にあるものは上に置く。

③稲穂など地面に近いものは
下に置く。

④季節の意匠を中央に。
後に、この隙間に小粒の落雁を詰める。

迎春版「園の賑い」の仕込みは、別名「打ち物祭り」

さて、11月半ばを過ぎれば迎春用の菓子づくりが始まる。1年でいちばん慌ただしい時期である。干支《えと》や宝尽くしの和三盆糖《わさんぼんとう》や落雁を詰めた「宝来《ほうらい》」に加えて、「園の賑い」も一新。新年を寿《ことほ》ぐ図柄があれこれと入ることになる。

迎春版「園の賑い」の販売期間は、12月中旬から1月中旬まで。この時期だけの華やかさがあって、それをご存じのお客様が贈答に使ってくださる。木箱の詰め合わせを、社用・個人用とたくさんの方がご注文くださるので、こちらとしても気合いが入る。コロナ禍の間、職人の数が足りなくて「園の賑い」を生産中止にせざるを得ないときがあったのだが、それでも迎春版だけはいつも通りに納めた。

ということで、11月のある時期から、工場の1か所に打ち物をする職人たちが陣取り、黙々と木型を打ち続けることになる。これを私たちの間では〝打ち物祭り〟と呼んでいる。打ち物には独特のリズムと音がある。生地を指で木型に詰めたら、シャッシャッと大きなヘラのような道具で木型をこすり、隅々にまで生地を入れ込む。菓子を打ち出す際には、木の棒で「コン」と叩《たた》いて木型から菓子を浮かせる。勢いをつけ、木型を持つ手首を返すことで、菓子が「カタッ」と木型から抜け落ちる。〝祭り〟の間は、「シャッ」「コン」「カタッ」がそれぞれの持ち場から響いてきて、囃子《はやし》のように聞こえなくもない。

職人たちの手を煩《わずら》わせるのが、この時期だけ扱うことになる木型だ。たとえば、干支の

右上／黙々と落雁を打つ職人たち。落雁は粘度があるので、和三盆糖に比べると図柄が出やすい。しかし、長時間の作業は腕に負担がかかる。体力、集中力をもって全力で取り組む。右下／年の瀬、「園の賑い」を包装するスタッフ。左上・左下／「鶴亀」の木型と打ち出された落雁。亀甲《きっこう》形の中に鶴が描かれている。

絵の背景には、よい夢を見るための回文が描かれる。「なかきよの　とおのねふりの　みなめさめ　なみのりふねの　おとのよきかな（長き夜の　遠の眠りの　皆目ざめ　波乗り船の　音のよきかな）」

木型は12年に1回、正月のおめでたい図柄の木型も、このときしか触る機会がない。打ち物を担当する熟練の職人でも、これらの木型を前にすると身が引き締まるそうだ。

打ちはじめは、久しぶりに扱う木型に苦戦する。ぼんやりとしか図柄が出てこないのだ。続けて打つうちに、木型と息が合うようになる。鶴などに代表される吉祥文様は細部まできっちりと図柄を出す必要がある。だからといって、生地を指で強く押し込めてしまうと硬い食感になる。ふだん通りに打ち続けるのはベテランでも難しい。

〝祭り〟の忙しさは工場の職人だけでなく、打ち出されたものを箱詰めするスタッフたちも同様だ。ひたすらに箱詰めを行い、年末ぎりぎりまで根を詰めた作業が続く。

迎春版「園の賑い」は、掛け紙（菓子を詰め合わせた箱の上にかける化粧紙）もこの時期だけのものになる。宝船の帆に鍵善の「鍵」が描かれたものには昔の回文（上から読んでも下から読んでも同じ音になる文）が添えられている。

今の時代、正月に宝船の絵を枕の下に置いて寝る人がどれぐらいいるのかわからない。しかし昔の人が心躍らせて初夢を楽しんだように、「園の賑い」が新年を寿ぐ時間や場に、彩りを加えるような存在であったら、菓子屋としてはとてもうれしい。

迎春版「園の賑い」。右下に見える丸い半生菓子は、「丸種《まるだね》」と呼ばれ、薄い煎《せん》餅《べい》でゼリーを挟んだもの。丸種に押される焼印も、干支や宝船など、年ごとに変えている。12月中旬から1月中旬までの販売。写真は木箱2号。

辰

花びら餅

菓子屋の〝華〟ともいわれる生菓子。その中でも上《じょう》生菓子は、主に茶席に用いられるものだ。季節の風物や和歌などの題材と菓子技法の取り合わせを楽しむもので、おいしさの軸となるあんの味にいちばん気を遣う。

京都には古くから続く、上生菓子をつくる菓子屋がいくつかあるが、意匠を見ればどこの店かがわかるというほど、同じ題材でも表現方法はさまざま。鍵善は、見た目に関してはつくりすぎない、何気ない感じを意識している。それでいて花街《かがい》の菓子屋らしい、かわいげやあでやかさがあるもの。

鍵善の上生菓子のなかで、正月の祝い菓子「花びら餅」の人気は飛び抜けて高い。花びら餅は、もともとは宮中で行われた、長寿を願う新年の歯固めの儀式に由来する。丸く伸ばした白餅の上に赤く染めた菱餅《ひしもち》を重ね、その上に山海の珍味をのせて食べていた「菱《ひし》葩《はなびら》」が、少しずつ簡略化されていった。菓子になったのは明治時代から。京都のある菓子屋が茶道の家元の初釜《はつがま》に納め、そこから「花びら餅」が正月の菓子の定番となったとい

「花びら餅」。ふっくらと仕立てた羽二重《はぶたえ》餅の生地に、白味噌のあん、ごぼうの蜜漬けが入る。12月下旬から1月中旬までの販売。

う。共通する要素は、「丸く伸ばした餅（生地は求肥《ぎゅうひ》か羽二重餅が多い）」「ごぼうの蜜漬け」「白味噌あん」で、素朴ななかに店の個性が光る菓子である。京都生まれの私は、「花びら餅」は長年ローカルフードのひとつだと思っていたのだが、あるときから京都以外の菓子屋もつくるようになり、鍵善でも遠方のお客様からも注文をいただくようになった。

ごぼうは、太さと長さをできるだけそろえて納品してもらっている。ワンシーズンで4回ほど蜜漬けを仕込む。

「花びら餅」はごぼうの蜜漬けが味を決める

このところ鍵善の「花びら餅」をお求めになる方が増えている。あれこれ食べ比べた結果、鍵善に戻ってきてくださったのだろうか。そうだとしたら、それは「ごぼうの蜜漬

上／3回繰り返して完成するごぼうの蜜漬け。少しずつ蜜の糖度を上げてごぼうの芯まで甘みを浸透させる。中／蜜をまとったごぼうにグラニュー糖をまぶす。これには保湿の効果もある。下／繁忙期は餅生地づくりも3つの鍋で同時進行。

右／練り上げた餅生地を型で抜くために広げる。餅生地を手で扱うのは、やわらかい食感を生かすため。下／できあがりの生地は、むっちりとふくらんでいる。

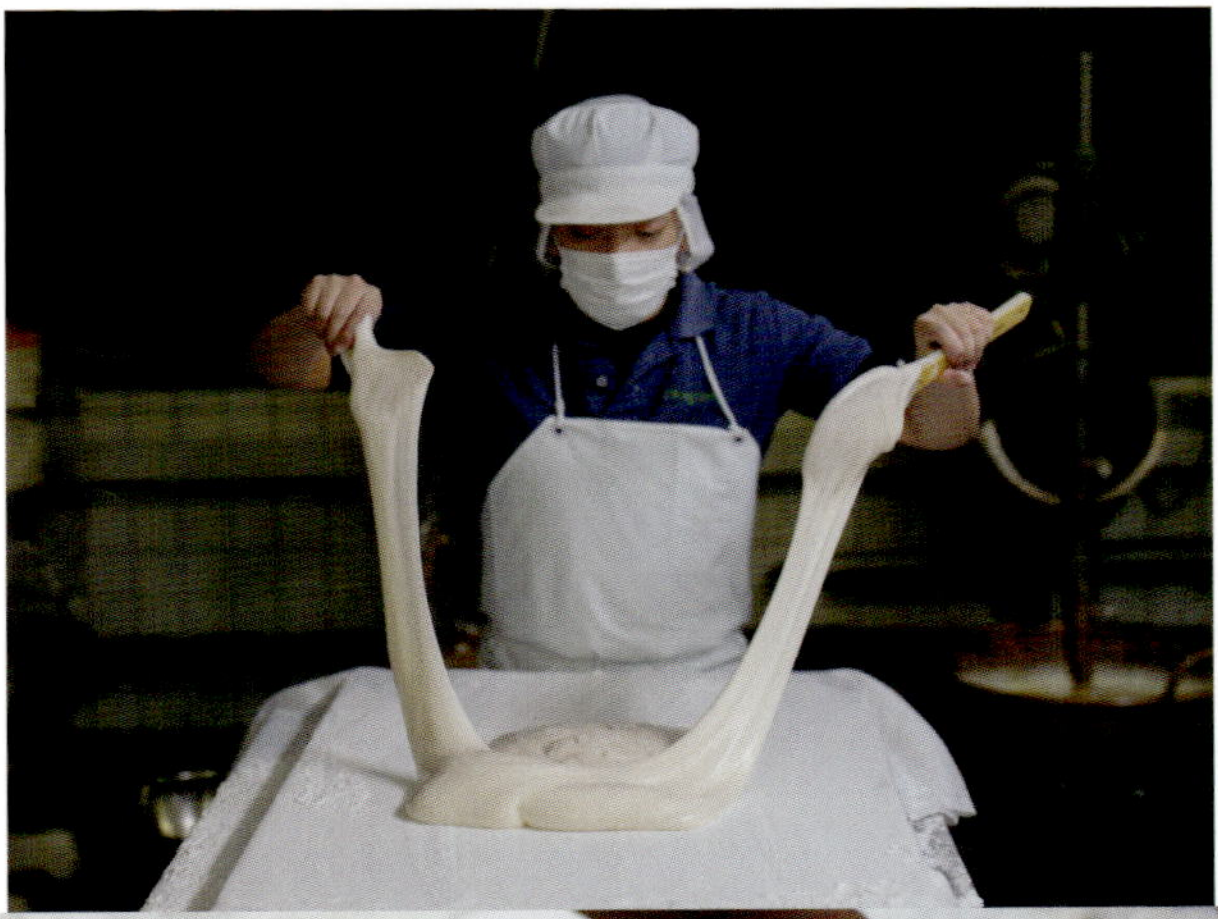

け」の味に惹かれたのかもしれない。

仕入れ品にも、水煮や蜜漬けになったものなど、ごぼうはいろいろな形であるのだが、やはり自分の店で炊かないと風味が出ないし、味に個性が出ない。しかしながら、ほかの店が仕入れ品に頼る気持ちもわかる。ごぼうの蜜漬けは、とにかく手間がかかるのだ。うちでは「事始《ことはじ》め」（12月13日、京都で正月の準備を始めるしきたり）のころから「花びら餅」の仕込みに入る。一度に仕込むごぼうの量は20kgほどで、朝一番、若手がシンクいっぱいにごぼうを並べ、泥を落とすところから始まる。毎シーズン、中央市場のなじみの八百屋さんから届くごぼうはLサイズ。長さ1m、直径3cmにもなる立派なものだ。ごぼうを洗い終わったら、長さ20cmほどに切りそろえ、さらに4等分に切る。水につけてアクを抜き、鍋いっぱいにごぼうを詰めて30分ゆでると工場には土の匂いが立ち込める。数日続く強烈なこの香りは、「園の賑い」の〝打ち物祭り〟に続く、年末の鍵善の風物詩である。

ゆでている間に蜜を整え、ゆであがったごぼうを蜜に入れて炊く。ごぼうの太さにばらつきがあるので、硬さを見るにはいくつかを手にとって、1本ずつ確認しなくてはならない。ある程度のやわらかさになったら、蜜の濃度を変えて、再び炊く。3回繰り返したときには、ごぼうはカラメリゼされたような、カリカリの状態になっている。炊き上がると夕方近い時間になっているのだが、ここからは職人数人がかりで、ひと息で仕上げる。職人たちは、炊き上がりを待ち構えていて、鍋から引き上げる合図と共に各持ち場から駆け寄ってくる。蜜をまとったごぼうが熱いうちにグラニュー糖をまぶし、次に数人で実際の花びら餅に入る長さ、細さに包丁で整える。切りそろえたごぼうには、仕上げにもう一度グラニュー糖をまぶして、乾燥室で保管。ここで一連の作業は終了。最初からごぼうを細く切りそろえないのは、ある程度の太さがないと、ゆでている間に折れたり割れたりするからで、ゆでる前と仕上げ前の2回に分けて切りそろえるのにも意味がある。

型で抜くか、丸めるか。羽二重餅の試みは続く

餅生地については、たいていの菓子屋は求肥である。日持ちもいいし、扱いやすいからだ。鍵善は昔から羽二重餅。私が工場に入ってから、餅生地の味はしっかりと見直した。

餅生地は、こんなに時間をかけるのか？　と驚かれるほど生地を練るのが大事。鍋の中をまめにのぞきながら、少しずつ蜜を加える。最後に卵白を合わせて、ふんわりとした口あたりを目ざして仕上げる。餅生地も待ったなしの作業が続く。すでに日が暮れていようが、やわらかいうちに成形して、打ち粉をしなくては乾いてしまう。

「もうすぐできるよー」

と工場長の声がかかれば、全員で餅生地に取りかかる。長年、効率重視で生地から丸く型で抜いていた（73ページ）が、新しい工場長になって1枚分の生地を手で丸く伸ばす方法を試みたばかり。少量なら手で丸く伸ばすのが生地の無駄は出ないのだが、とにかくうちは数をつくらなくてはならない。機械で伸ばしてしまえば、このやわらかさがなくなるの

で、あくまでも手作業で。まだ改良の余地があるだろう。
そして最後は白味噌のあん。白味噌は京都の料理店が信頼をおく「山《やま》利《り》商店」のものを使っている。白味噌に合わせるあんは、備中白小豆《びっちゅうしろあずき》の白あん。味噌自体が焦げやすいので、あんを炊くのも簡単なことではないが、ここは菓子屋の本業。贅沢《ぜいたく》に白味噌を使い、白小豆の繊細な味わいを壊さず、大豆の甘みも感じられるように仕上げている。もう少し甘みを控えてみたいが、全体のバランスを考えると、難しい。

さて、ごぼう、あん、餅とそれぞれの仕込みが整うのが12月20日過ぎあたり。いよいよ年の瀬、待ったなしの忙《せわ》しないころから、職人全員で「花びら餅」の仕上げに入る。餅生地の上にごぼう、白味噌あんをのせて、ふっくらと折りたたむ。このたたみ方にも店それぞれに味わいがあるのだが、鍵善では、ぽってりと、〝福々しく〟仕上げている。

「花びら餅」は掛け紙も特別である。鍵善の「花びら餅」が描かれた鈴木悦郎《すずきえつろう》の作品で(99ページ参照)、これもまた好評。父と親しかった鈴木悦郎さんにうちの「花びら餅」をお届けしたところ、絵手紙のお礼が届き、それを父が掛け紙に仕立てた。

隅から隅まで、鍵善の手仕事で彩られた「花びら餅」。ごぼうの存在感が強く、「特殊」と言われることもあるが、それこそが自家製の証《あかし》。褒《ほ》め言葉として受け止めている。甘いごぼうなんて、と敬遠される方もいるけれど、食わず嫌いはもったいないことだ。

餅生地は、時間が経つとダレてくるので、2回に分けて手を加え、きれいな円形に整える。

餅生地であんとごぼうを包む際は、生地をやや伸ばして、なだらかに弧を描くように手で整える。これも手仕事ならではの小さな技。

おひもさん

鍵善の焼菓子のなかで、別格のロングセラーである「おひもさん」。オーブンを使う菓子を鍵善がつくるのを珍しがるお客様もいるが、昭和初期までは、和菓子も洋菓子もつくっていた菓子屋が多かったので、それほど驚くことではない。12代目・善造《ぜんぞう》が主人のときにはウエディングケーキを大八車《だいはちぐるま》で運ぶ写真も残っているので、鍵善にも、本格的な洋菓子をつくれる職人がいたようだ。

「おひもさん」もそんな職人と祖母・愛子が知恵を出し合い、レシピを考えたのだろう。菓子の詳しい誕生時期はわからないが、〝和製スイートポテト〟が当時の宣伝文句だったと聞く。

徳島産なると金時《きんとき》「里むすめ」の新芋の収穫を待って、製造が始まる。まずは芋を蒸してつぶしたものに、白いんげん豆の白あん、バターなどを加えて芋あんをつくる。芋あんができあがったら、ここだけは自動成形機の力を借りて、「おひもさん」の生地を仕上げる。ここで登場する

「おひもさん」。シナモンの風味が香る、さつま芋あんの焼菓子。さつま芋の皮に見立てた部分はクッキー生地で、香ばしい。9月中旬から5月上旬までの販売。

昭和40（1965）年ごろ、版画家・徳力富吉郎《とくりきとみきちろう》が描いた鍵善の版画。商品として名を連ねる「十三里《じゅうさんり》」は「おひもさん」の旧商品名。

のがまんじゅう製造機なのだが、本来の目的と違う使い方で機械を使うことを笑ってもらいたい（ちなみにこの機械でまんじゅうはつくらない）。まんじゅうの皮であんを包む原理を応用して、クッキー生地で芋あんを包むのである。
　長い棒状に生地が押し出されたら、機械の役目は終わり。ここからは職人の本領発揮である。棒状の生地を転がしながらまんべんなくシナモンの粉をクッキー生地にまとわせた後、輪切りのさつま芋に見立てて、均等な大きさに切り分ける。表面に卵黄を塗り、胡麻《ごま》を中央に置き、オーブンで焼く。できあがりまで生地が割れないようにするこ

とが肝心で、あんの水分やその日の気温・湿度などで、オーブンの温度を調整。生地の焼き色を確認しながら、焼き上げていく。

この菓子はシナモン風味のクッキー生地を焼き芋の「皮」に見立てたところに趣がある。よく焼けた外側はホロリとした食感で、中はしっとり。わずかな胡麻のあしらいも、全体に香ばしさを添えている。古くから日本人の口になじみのある最小限の材料を使って、菓子の味わいを最大限に引き出しているのだ。

さつま芋の焼菓子（和菓子）の場合、たいていは、形はさつま芋でも中は芋あんではなく、白あんのことが多い。試行錯誤を重ねながら、最適なさつま芋の銘柄を見つけ、素朴な味になりがちな焼菓子を手土産《てみやげ》にできるまでにした当時の職人の発想に感服してしまう。

焼き芋の形にも、実はうちのこだわりがある。芋を丸ごと焼いたものを模した菓子が多いのだが、かつて京都では焼き芋といえば、輪切りのもので、鉄鍋の上で焼かれていた。今でこそ関東風の一本焼きが主流だが、輪切りで売られていたころの歴史を、「おひもさん」は語っている。また、京都では食べ物に親しみを込めて、「〜さん」と呼ぶ。おあげさん（油揚げ）、おかゆさん（粥）……。そこで名付けられた「おひもさん」。

小さな焼菓子に、菓子屋の歴史、京都の風俗や習慣が写し出されている。菓子づくりに携わる者として、「おひもさん」から学ぶところは多い。

芋あんに入れるバターにもこだわるようになったのは私の代から。コーヒーや紅茶にも合う味が好評。鍵善では入社4、5年目ぐらいの職人が「おひもさん」を担当。あんの製造から成形まで、ひと通りの技術がこの菓子に生かせるので、ひとりで一貫して菓子をつくる場合の〝デビュー戦〟にもなっている。

ひな菓子

「ひな菓子」には、技法の異なる6種の干菓子・半生菓子が、40個ほど竹籠に入る。2月中旬から3月3日までの販売。骨董《こっとう》の雛人形は13代目主人・晴子のもの。京都では古来の並べ方に倣い、向かって左に女雛、右に男雛。

「はじめに」でも少し触れたが、大学を卒業後、鍵善よりも規模の大きい東京の菓子屋で働く機会を得た。京都以外の菓子屋を知り、鍵善に戻ってきて製造現場に入った。そこで自分が主人になったときを思い描きながら、鍵善の菓子ひとつひとつと向き合った。

京都の街からたくさんの菓子屋が消えていくなかで、大げさではなく、「鍵善が生き残るためにはどの道を進めばいいか」を考えた。結論としては、鍵善がこれまで大切にしてきたことを守りながら、大量生産品にはない菓子づくりを続けていくのだと心を決めた。

竹籠の中に干菓子、半生菓子を盛り込んだ「ひな菓子」は、細工ものが多く、実は鍵善のどの菓子よりも手間のかかるものだ。かわいい菓子をつくるには、人の手と時間がいる。ありがたいことに、鍵善の「ひな菓子」を知るお客様が年々増えていて、全国から注文をいただくようになった。雛祭用の籠盛り菓子を鍵善のオリジナルのように思ってくれる方がいるのはうれしいけれど、昔はどの菓子屋でもつくっていたものだ。鍵善の昔の写真を見ると、ほかにも菱餅など段飾りのための大ぶりでにぎやかな菓子をいくつもつくっていたようだが、それはもうない。大きな雛段に雛人形を飾る日本人の暮らしも失われつつある。現在はこの「ひな菓子」と上生菓子「ひちぎり」のみである。

子の成長を願って、親はその思いを雛人形に託す。そこに飾る菓子は、力を注いでつくられたものがふさわしい。それがおいしいなら、もっといい。そう思ってくださるお客様から、うちに声がかかるのだろうか。鍵善が進むべき道のひとつの答えを、「ひな菓子」が示してくれたようで、私の励みになっている。

小さくて精巧な菓子づくりで磨かれる技

「ひな菓子」に入るのは、落雁、ゼリー、生砂糖、有平糖《あるへいとう》（砂糖と水を煮詰めてできる飴《あめ》）、洲浜《すはま》（大豆を煎《い》って挽《ひ》いた洲浜粉に水飴を加えて練り上げたもの。きなこ風味）、芋つなぎ（つくね芋が味のもとになっている干菓子）。

いつごろから鍵善に「ひな菓子」があるのかはわからない。確かなことは、私が小さいときは籠の中央には鯛の大きな金花糖《きんかとう》（砂糖菓子のひとつで、白砂糖を練って木型に流し込み、彩色をしたもの）が入っていた。しかしその専門業者が廃業。金花糖を自分たちでつくることはあきらめて、落雁に替えた。ゼリーも仕入れができなくなって、自社製に替えたことは「園の賑い」でも触れた（63ページ）。

菓子の見どころは、86、87ページで楽しんでもらえたらと思うが、特に私のおすすめを挙げてみたい。

手にして驚いてもらえるのは、大きな鯛の落雁だろう。全長12cm、厚みも最大2cmほどある。打ち立てはふかふかとした食感で、香りもあり、米の菓子を食べている実感がある。大きな落雁といえば、仏前のお供え用を連想して〝味は二の次〟と思われがちだが、大きいものほど、味わいが増しておいしいことに気づいていてくださるはずだ。

ゼリーは造形の面白さがあり、形によっても味わいの違いが少しある。「木の芽のついた豆腐田楽《でんがく》」なんていう遊びもできるし、しゃれた色の重ね方は「ぼんぼり」が王道。歯応えのある食感もクセになる。

洲浜の団子は、「ひな菓子」にしか入らない。丸粒にする道具も、このときしか使わないアナログな、上下に挟む木製の板（溝が彫られている）を使う。棒状の洲浜生地を溝に入れて、板を上下にこすると丸粒ができあがる。楊枝に刺せば、ミニチュア団子のできあがり。父が主人のころはこれが「園の賑い」にも入っていたので、うちの中では息の長い菓子だ。きなこの風味ともっちりした食感は、だれもが好きな味だろう。

〝芋桜〟と職人の間で呼ばれる桜の干菓子も、「ひな菓子」だけに入る。和菓子では、つくね芋はなじみの食材。つくね芋の生地に道明寺粉《どうみようじこ》を混ぜて、型で抜く。サクサクとした乾いたつくね芋の食感と道明寺粉のプチプチとした食感の対比が面白い。

製造時期にあたる2月は、1年のうちでいちばん手が空くとき。桜が咲き始めたら、次の正月まで工場は落ち着くときがない。この時期だから、こんな手間のかかることができている。職人たちがちょこちょこと手を動かしながら、春を迎える雛祭の下準備に精を出すのもいいものだ。こうした細かな作業を経て、職人の技も磨かれていく。

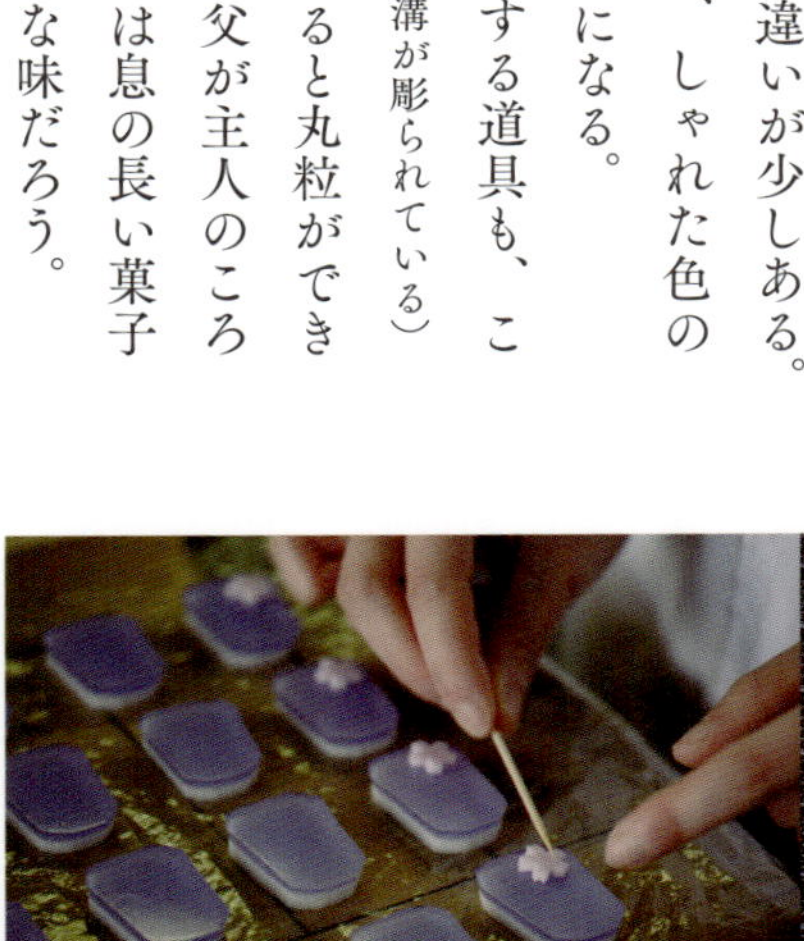

大きな木型を使う落雁は、ベテランの職人が担当。鯛の表情、鱗《うろこ》など細部まできっちりと出すには、丁寧に打つことが結局は早道である。籠の中でいちばん目立つので、何よりも気を遣う。寒天に卵白を混ぜたゼリーは粘度が高く、職人にとっては扱いにくい素材。型で抜いた円を半分に折ればうさぎに、色を重ねてぼんぼりに、と自由に形を変える。

「ひな菓子」大解剖！

雛祭にまつわるモチーフはもちろん、宴席を彩る寿司やかまぼこ、田楽まで菓子で再現されているのが楽しいところ。小さな菓子にも惜しみなく力を注ぐ職人の心意気が表れている。

ゼリー

右から豆腐田楽、うさぎ、菱餅、ぼんぼり、かまぼこ、卵。うさぎの中には白あん。

生砂糖

右は青葉、左は蝶《ちょう》。心待ちにしていた春の訪れを祝う気持ちを菓子で表現。

有平糖

右から蕨《わらび》、紅白幕、蝶、土筆《つくし》。土筆はシナモンの粉で風味付けをし、胡麻がまぶしてある。

落雁

右上から橘《たちばな》、筍《たけのこ》、雛人形、桜と橘、鯛、貝いろいろ。貝の木型も多種多様。

芋つなぎ

右は桜、左は寿司。寿司の海苔《のり》は本物。つくね芋の白さや食感を生かしている。

洲浜

全長5㎝ほどの大きさながら楊枝を刺して本物の団子のように仕立てる。3色の染め分けが愛らしい。

舞台裏コラム2

和菓子づくりは生涯修業かな

菓子がつくれなくても、菓子屋の主人にはなれる。うちの母もそうだったし、私の仲間にも菓子製造に携わらない主人はいる。私の場合は、父も現場主義だったし、小さいときから店の手伝いをしていてものづくりが好きだったので、菓子職人になることに迷いはなかった。

　私が修業したのは東京の菓子屋だが、昔気質《かたぎ》の先輩たちには多くのことを教えてもらった。「見て学べ」といった職人らしい考え方も、今の私に生きている。作業の効率化を考えたりすることは昔から好きで、今思えば生意気だったけれど製造現場を仕切っていたりした。

　えらそうに言えないが、菓子職人について私の考えを。

　鍵善の工場で働く職人には、新卒もいるけれど、転職組も多い。それは、「和菓子がつくりたくて菓子屋に就職したのに、実際は機械ばっかり触ることになって。きちんと菓子づくりをしたい」と言ってうちに来るような人たちだ。うちで働いたら、できる子なら5年でひと通りのことは覚えられるかな。私の思う「できる」というのは、自分の頭で考えること。そして実践、検証を繰り返していくことをひとりで続けられる力だ。

　和菓子職人に欠かせない基本中の基本であるあん炊き。最初に「今日はどんなあんを炊くのか」をイメージすることが大事で、「今日は」とは、季節によって小豆の硬さも水の吸収率も

右ページ／練《ね》りきり製「野の春」をつくる鍵善の職人。コロンとした形は、手のひらの厚みを使って整える。3月中旬から4月上旬に販売。左／こなし製「紅葉《もみじ》」。黄と赤の交じわるところの色のぼかし加減が菓子の完成度を高める。自然に触れながら、表現力を磨く。10月下旬から11月中旬に販売。

変わってくるからだ。いったん火をつけたら、目の前のことに集中。あんはチェックポイントが多いので、私なら黙々とやる。ところが同じように炊いても全然違うものになることがある。その理由は、周りの人に聞いてもいいけれど、自分でも考えること。そして次は「前回よりもいいあんを炊く」という気持ちで臨む。

抽象的な表現こそ菓子づくりの技術がいる

あんが炊けるようになったら、上生菓子（茶席菓子）をつくる段階に移るのだが、自分で考えることがさらに大事になる。うちの菓子で言ったら、茶巾《ちゃきん》絞りがいい題材だと思う。練りきり生地を布巾《ふきん》で包み、指先に力を入れて、キュッとひねればできあがり。色と絞った跡の形で季節を伝える、抽象的な表現を好む京都らしい菓子だ。たとえば白い生地に薄い緑。絞った先をピンと立てれば、「雪面を割って芽吹く草」に。桃色、黄色、緑の春色にくぼみをあしらって、「春に萌《も》える草花」の風景に見立てたりする。

絞るだけ、といえばそれまでだが加減が難しい。考えずにやって、きれいにできるはずがない。どのぐらい指先に力を入れて表情をつけるのか。しかも職人は同じものを正確に、手早くつくらないと仕事にならない。茶巾絞りなら、10回絞ったら、10回同じ跡がつくのがあたりまえ。ヘラを使って、具象の花をつくっているほうが、よっぽど正解がわかりやすい。だけど正解にたどり着くのが難しいものほど、職人の技術は上がる。自分のイメージしたものがつくれるようになったころには、無駄な力が抜けて、思考と手の動きがつながるのだと思う。

菓銘をつけることが創作活動の第一歩

上生菓子がつくれるようになるのがゴールではない。そこが菓子職人のスタート地点である。菓子には銘をつける。それを最終的に決めるのは菓子屋の主人の仕事だが、つくり手が自分の頭でも考えることは大切。

　茶席菓子の場合、茶席の趣向を聞き、それに合わせて菓子をつくり、銘を考える。そのためには、本を読んだり、芸術に触れたり、古典を学ぶことが必須。そして今は言葉で説明もできないと。菓子の創作ができるようになったら、そこからの世界は深くて、とっても面白い。

　私は今、どんな菓子をつくってみたいのか。上生菓子でいえば、色もそれほど使いたくないし、無駄なヘラは入れたくないのが、25年やってきた今の心境だ。見る人に想像の余地が残されている菓子がつくれたら。その人の心のなかにある景色とつながり、その菓子を口にすることで、場がなごむ。そんな安らぎをお届けできて、菓子というものはようやく完成するのだ。

　晩年は、ひとりカウンターでお客様の前で菓子をつくるような店をやってみたいが、それまでにもっと技術を磨かないと。菓子職人は一生修業である。

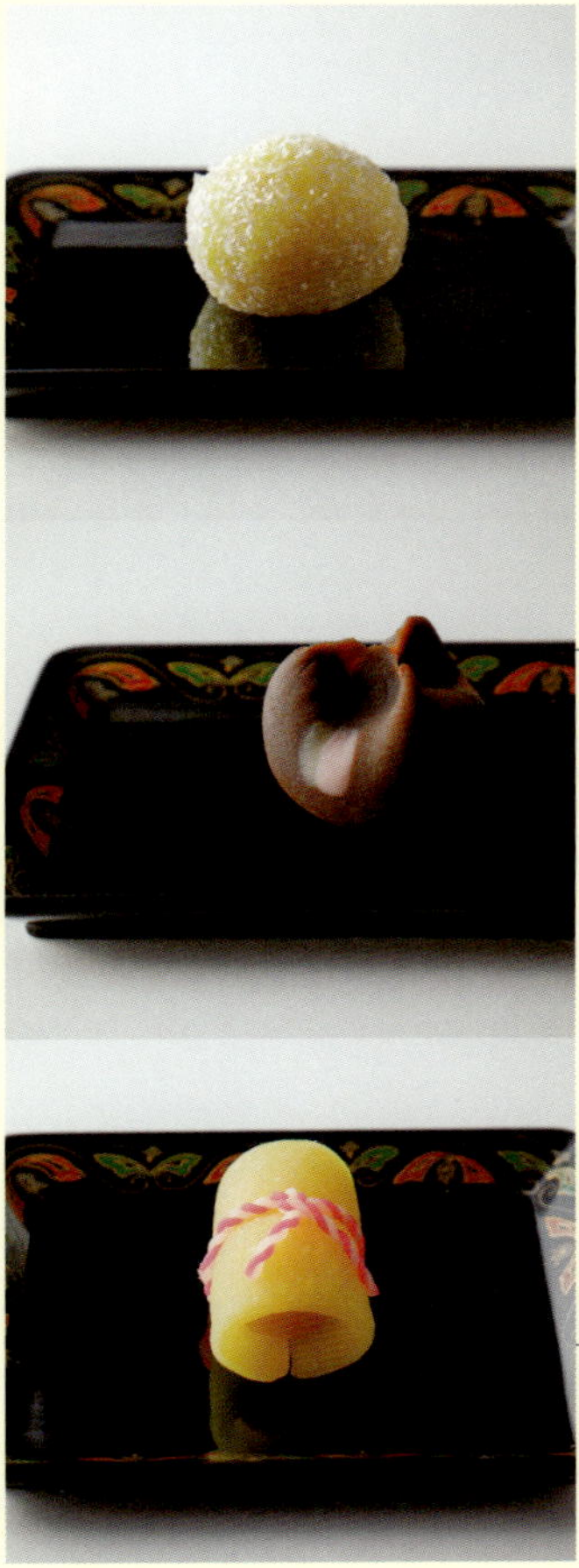

新年の歌会始《うたかいはじめ》のお題にちなんだ「勅題菓《ちょくだいか》」は、職人たちに創作の機会を与える場でもある。上から道明寺《どうみょうじ》製「仄《ほの》か」（お題「光」、平成31年）、練りきり製「相望《そうぼう》」（お題「望《のぞみ》」、令和2年）、ういろう製「知の泉」（お題「本」、平成27年）。勅題菓は、毎年、12月末から1月上旬にかけて販売。

菓子屋主人のバタバタ歳時記 ②

【5月】３～５日／「ちまき」の限定販売。笹をイグサで巻く技術の伝承も含めて、「ちまき」は手間どっても続けることに意味がある。「柏餅」も５日まで。中旬／喫茶室の庭にオオヤマレンゲが咲く。「れもんかん」の販売もこのころから。焼菓子の製造は一旦終了。下旬／八坂神社の氏子組織「宮本組」の祇園祭に向けた会合が、少しずつ増えてくる。【6月】１日／本店の暖簾を夏仕様に替える。水色の濃淡の麻暖簾は、祇園新門前《しんもんぜん》通の「染司よしおか」製。琥珀羹「琥珀」、葛焼など涼しげな菓子が登場。中旬／モンちゃん、クチナシの花の匂いに夢中。京都では、お中元は昔は７月からだったが、最近はこの時期から贈答品が動く。「甘露竹《かんろたけ》」「れもんかん」の製造に励む。20日／「水無月《みなづき》」の販売開始、黒糖味にファン多し。【7月】１日／今年も“祇園さん”に染まるひと月の始まり。「宮本組副組頭としてお務めさせていただきます」。限定菓子「祇園まもり」の販売開始。10日／神事「神輿洗」の日。八坂神社のお膝元である祇園町にとって、神輿の渡御《とぎょ》が祇園祭。なのでこの日から鍵善の玄関に幔幕《まんまく》を張り、提灯《ちょうちん》を出す。16日／八坂神社にて「献茶祭」。菓匠会《かしょうかい》の一員として、「御題菓子」の展示と香煎茶《こうせんちゃ》の接待。各菓子屋の主人が紋付袴姿で出迎える。ちなみに展示菓子の銘は、２か月前に提出するので、長らく頭の中でアイディアを練ることになる。同日22時ごろ／長刀鉾《なぎなたぼこ》の日和神楽《ひよりかぐら》の一行が八坂神社に奉納に向かう途中、鍵善前での休憩が恒例で、お茶と「祇園まもり」で接待。17日／神事「神《しん》幸祭《こうさい》」。神輿が八坂神社を出て鴨川を渡り、寺町の「御旅所《おたびしょ》」へ。この日から24日の「還幸祭《かんこうさい》」まで、宮本組が早朝交代で祇園さんの龍穴から汲《く》んだ御神水《ごしんすい》を御旅所に供える。24日／神事「還幸祭」。28日／神事「神輿洗」。31日／祇園祭、閉幕。【8月】「祭りが終わると正月が来る」ほど燃え尽きて、このころの記憶が飛んでいる。

第3章 菓子屋に彩りを添える人と技

鈴木悦郎の意匠図案

鍵善の菓子木型をはじめ、現在使用している包み紙・掛け紙をデザインしてくれた画家・鈴木悦郎さん。悦郎さんとは、私の祖母・愛子と13代目主人・晴子（私の母）が女ふたりで鍵善を切り盛りしていたころに知り合ったようだ。後に晴子と結婚して14代目主人となった知夫（私の父）も加わり、私が生まれる前から家族ぐるみの付き合いがあった。本来なら「鈴木氏」となるのだろうが、ここは「悦郎さん」と呼びたい。

挿絵画家・中原淳一《なかはらじゅんいち》が、昭和20年代初頭に創刊した婦人雑誌『それいゆ』と少女雑誌『ひまわり』。そこに挿絵やカットを描き、人気を得た悦郎さんは、40代に入ってから、住居兼アトリエを東京都から神奈川県に移す（大磯《おおいそ》、湯河原《ゆがわら》を経て、真鶴《まなづる》が終《つい》の棲家《すみか》に）。パリ遊学を経験し、雑誌の挿絵画家から油彩画家に転向したのが50代半ばのことだ。このころから、父は悦郎さんに鍵善のアートワークを依頼する。

店が忙しかった父に代わって親しくしていたのが祖母・愛子。愛子の嫁ぎ先は静岡県熱《あた》海《み》市の「山木《やまき》旅館」で、悦郎さんの住まいと程近い距離。悦郎さんのところへよく顔を出

写真提供／鈴木寛

すずき・えつろう　１９２４（大正13）年、東京・浅草に生まれる。「東宝舞台」に入社し、東京宝塚劇場の舞台美術制作を経て挿絵画家に。『ひまわり』『それいゆ』の挿画のほか、画家としても活躍。２０１３（平成25）年没。

していたという。また、悦郎さん来京の折は、愛子は晴子や私の妹を連れて、歌舞伎や踊りなどへ案内していた。

悦郎さんを鍵善に引き合わせてくれたのは、ファッションデザイナーの草分けとして、1970年代に活躍した水《みず》野《の》正《まさ》夫《お》（1928〜2014）氏。日本の手仕事、文化に造詣の深かった水野氏は、鍵善の菓子を気に入って、ご自身の著書の中でもご紹介いただいている。その水野氏に晴子は、鍵善のスタッフが着る制服のデザインを依頼。そこから、悦郎さんとの縁も生まれた。

上／鈴木悦郎による、鍵善の包み紙。屋号に入る「鍵」を前面に出しながら、鍵を含む「宝尽くし」を描いた縁起のいいデザイン。下／包みには華やかなピンクの紐がかけられる。

ひと目で鍵善とわかる包み紙のデザインを

さて、父が主人を務めていたころには、最初の観光ブームが起こり、京都に観光客が押し寄せるようになったことはすでに述べた。顔なじみのお客様を相手にしていた鍵善の商いを少しずつ変える必要があり、最初に着手したのが「包み紙」であった。

鍵善には、今も使われている〝金包装〟とスタッフの間で呼ばれている包み紙がある。白地に金色の枡《ます》を散らした風格のある紙で、枡の中には「鍵」の絵と「善」の文字があしらわれ、同じように枡の中に店の住所と電話番号と「祇園《ぎおん》　銘菓　菊寿糖《きくじゅとう》」が割付されている。味わいのある書体といい、昔ながらの手わざを感じる包み紙なのだが、余白をゆったりととってあるため、小さな菓子を包んだ際には、まったく枡の絵柄が出てこない。つまり、どこの菓子屋のものだかわからないのだ。

「無地のように見えてしまうデザインを変えたい」

と思っていた父は、鍵善との付き合いが深まっていた悦郎さんに「思い切って」包み紙のデザインを依頼したそうだ。上品な色使いが持ち味の悦郎さん。父は悦郎さんの色を「はんなり」（京ことばで、やわらかくてあでやかなこと）と感じ、気に入っていた。そこでできあがったのが、全面に「鍵」を含めた「宝尽くし」の図柄が大胆にあしらわれた、現在の包み紙である（95ページ）。

完成はおそらく1980年代前半。当時、京都の老舗《しにせ》の包み紙は落ち着いたものが多く、そのなかでは、目を惹《ひ》くデザインだったに違いない。原画を見ると、宝袋の中央に配した店名や欄外の住所のあしらいも悦郎さんによるものとわかる。ぷっくりと丸みを帯びた宝袋の絵に悦郎さんらしい愛嬌《あいきょう》があり、やわらかな色合いも鍵善の菓子によく似合う。

菓子のもうひとつの顔、掛け紙も悦郎さんに

悦郎さんの包み紙をたいそう気に入った父は、次に「掛け紙」をつくることにした。掛け紙は熨斗《のし》とはまた別のもので、鍵善では季節の行事や菓子に合わせて用意している。包みを開けたら最初に目に入るので、菓子の顔のようなものだ。時代が移り、今では掛け紙を省略する店も増えているが、ものを包み、贈る文化が残っている京都では、掛け紙にもまた店の個性が表れる。

鍵善には明治から昭和にかけての、高名な画家の方々の描き下ろしの作品があり、それを掛け紙に使わせていただいている。そこに新しく加わったのが、悦郎さんの絵があしらわれた「国栖《くず》の里」（葛を混ぜた道明寺羹《どうみょうじかん》を薄く短冊状に切ったものにきなこをまぶした菓子。現在、製造をしていない）と「花びら餅」（99ページ）である。

おいしいものが好きで、日々の食事とおやつを日記に書き留めていた悦郎さんは、うちの菓子を送り届けたお礼に、しばしば絵を添えた手紙を返してくださった。「花びら餅」と「七寿《ななしゅ》づくし」（正月の菓子。98ページ写真下）は、そのように描かれた絵を元に掛け紙やシ

ョップカードに使わせていただいた。渋好みの鍵善の掛け紙のなかで、悦郎さんのものは明るく伸びやかで、強い存在感を放っている。それは、おいしいものが好きな人の素直な気持ちが絵に表れているからだろう。

　さらに父は、「松竹梅柄の手ぬぐい」の原画も依頼した。お得意様に配るもので、今でいう、ノベルティ。古典柄なのに、悦郎さんの手にかかるとモダンで愛らしい表現になる。私の代になってからも、とっておきの品としてこの手ぬぐいをときどき販促に使っている。

念願だった菓子木型の意匠図案を発注

かねてから父は、鍵善独自の菓子木型の必要性を感じていた。父としては「園《その》の賑《にぎわ》い」を、「菊寿糖」に続く打ち物の菓子の名物にしていきたいと考えていたのだろう。菓子道具店が扱う木型の見本から選んだものばかりでは、ほかの店と差がつかない。とても冒険的な試みだったと思うのだが、悦郎さんとのいくつかの仕事を経て、「素敵なものができあがるだろう」と確信をもった父は、満を持して木型に起こすための菓子の図案を依頼したそうだ。

　父の期待に応えるように、悦郎さんは実にたくさんの菓子の図案を描

右／父の時代のショップカードの表紙に使われていた、「七寿づくし」の絵。菓子を口にする前にスケッチしたようだ。左／「七寿づくし」は結び昆布、梅干し、ごまめ、ころ柿、かやの実、お多福豆、勝ち栗と、7つの縁起物を菓子にして、菓子でつくったかわらけの上にのせたもの。12月下旬から年内の販売。左ページ／「花びら餅」の掛け紙。

いてくれた。父が受け取ったデザイン画だけで40。そのなかから父が打ち物にできそうなものを絞り込んだという。それらの菓子は102、103ページの一覧で楽しんでもらいたい。

木型にならなかったデザイン画のなかには、「三番叟《さんばそう》」「暫《しばらく》」「道明寺」といった歌舞伎を題材にしたものや、「初夢」と題のついた連作で「富士」「鷹《たか》」「茄子《なす》」などもある。日本に伝わる美しいものを菓子の意匠に落とし込もうとした悦郎さんの思いが伝わってくる。

販売中の「園の賑い」を、年間通して見てもらえるとわかるのだが、悦郎さんのデザインした落雁《らくがん》は、どの季節にも使われている。古くから京都の菓子屋が持っている木型の図柄は、琳派《りんぱ》のデザインの流れを汲《く》むものが多いのだが、悦郎さんの図案も基本的にはそれに近い。それでいて、丸く強調された線が、現代の言葉で評するなら、〝映える〟。箱の中があかぬけた印象になり、なんといっても目を惹くのだ。悦郎さんの仕事に時代を超えるデザイン性を見出した父の眼に感心する。

鍵善の近年の歴史を振り返れば、12代目主人・善造《ぜんぞう》は木漆工芸家《もくしつこうげいか》・黒《くろ》田《だ》辰秋《たつあき》と組み、風格ある店構えをつくり上げ、鍵善独自の美意識を表現した。京都が観光都市として一層注目を集め、人々が京都に目新しいものを求めるようになったころ、14代目主人・知夫を中心に、愛子や13代目主人・晴子は悦郎さんの力を借りて、鍵善に新しい風を吹き込み、時代の変わり目を乗り越えたのである。

鈴木悦郎による、菓子のデザイン画と木型。「梅」は1月後半から2月ごろまで、「禿菊《かむろぎく》」は9月中旬から11月ごろまで、「雪」は12月から2月ごろまで「園の賑い」に入る。

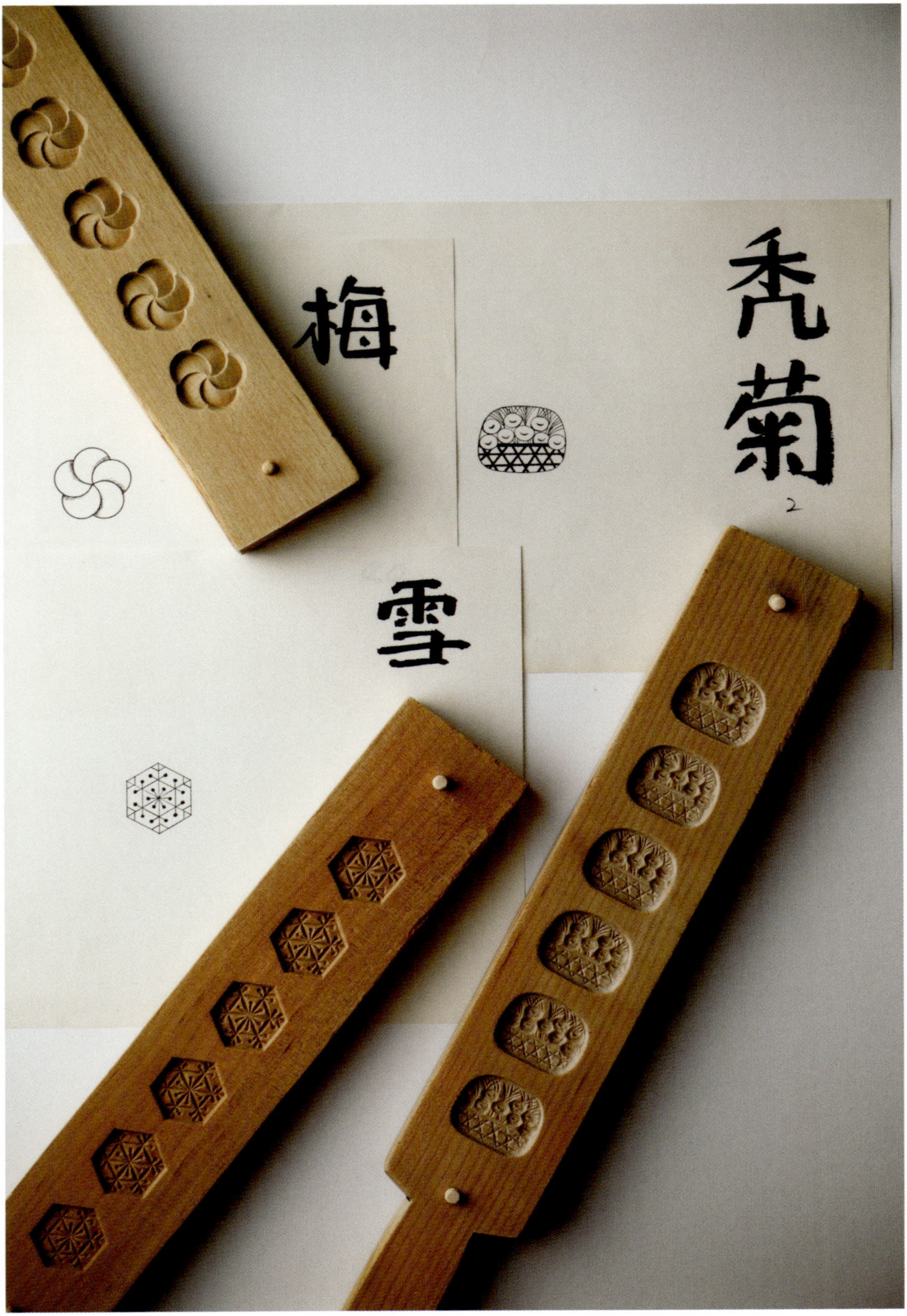
梅
禿菊
2
雪

原寸大！　鍵善に残る鈴木悦郎デザインの干菓子一覧

木の葉

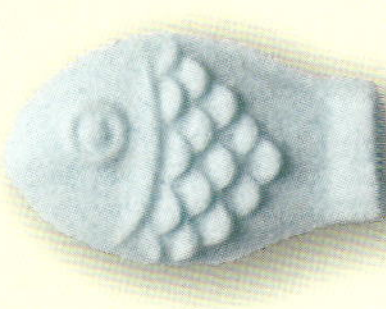
魚

櫻《さくら》

雪

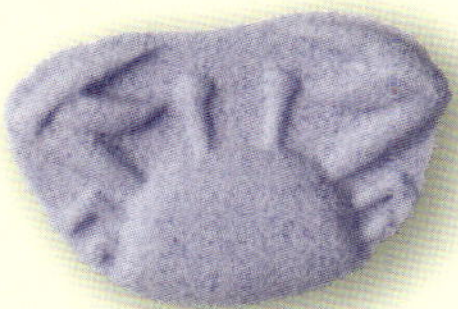
蟹《かに》

胡蝶《こちよう》

宝結び

玉兎《たまうさぎ》

柳さくら

結び

重陽《ちようよう》

都をどり

鶴亀

膨《ふく》ら雀《すずめ》

結び

松竹梅「松」

鳴子《なるこ》

梅

松竹梅「竹」

禿菊

吉兆結び

松竹梅「梅」

どんぐり

亀甲《きつこう》

＊名称も鈴木悦郎による。図案に名前のないものは、店主が命名。

黒田辰秋の調度品

木漆工芸家・黒田辰秋と鍵善の出会いは、12代目・善造のときである。話は戦前までさかのぼる。

黒田が鍵善に遺してくれたものは実にたくさんあるのだが、代表作といえば以下の4つであろう。本店入口を飾るふたつの「拭漆《ふきうるし》欅《けやき》大飾棚《おおかざりだな》」（以下、大飾棚と記す）とショーウインドウの背面にある「赤漆《あかうるし》宝結文《たからむすびもん》飾板《かざりいた》」、そして「螺鈿《らでん》くずきり用器」。これらの仕事は、すべて善造の特注品。黒田が京都工芸界のなかでは注目の若手であっても、全国的にはまだその存在を知られていなかった20代のころの作品である。若く、無名であったからこそ渾身《こんしん》の力を込めてつくり出せたともいえるが、そんな黒田の力を引き出した善造とはどのような人物だったのか。黒田との巡り合わせを少しひもといてみよう。

善造は明治37（1904）年生まれ。黒田も同じ年、祇園町《ぎおんまち》に生まれているので、共通点は最初からあったともいえる。善造は新しいものが好きで、大正時代に発売されたばかりのドイツ製カメラ「ライカ」を数台所有し、写真クラブを立ち上げるほどカメラに没頭し

写真提供／黒田悟一

くろだ・たつあき　1904（明治37）年、京都・祇園町に生まれる。塗師《ぬし》であった父の工房で技術を習得し、木地づくりから漆塗りまでを自身で行う一貫制作を開始。1970（昭和45）年、木工芸の分野で初となる重要無形文化財保持者（人間国宝）の認定を受ける。1982年没。

たようだ。音楽にも造詣が深く、京都大学のオーケストラで演奏をしていたとか。モダンなものに惹かれる善造の嗜好《しこう》は、もちろん鍵善の菓子にも反映されて、ウエディングケーキやクリスマスケーキを販売した写真が残っている。

柳宗悦の提唱する民藝運動に共鳴した善造と黒田

ハイカラなものを好む善造は、柳宗悦《やなぎむねよし》が提唱する民藝《みんげい》運動にも関心を寄せる。民藝運動とは、大正15（1926）年に柳宗悦、河井寛次郎《かわいかんじろう》、濱田庄司《はまだしょうじ》らによって提唱された生活文化運動のこと。名もなき職人の手から生まれる日常の生活道具を「民藝（民衆的工藝）」と名付け、華美な装飾を施した美術品に対して、「用の美」という新しい価値観を提示した。

黒田は高等小学校を卒業後、15歳で漆芸の世界に入る。20歳のとき、京都・五条坂《ごじょうざか》に拠点を置く河井寛次郎と出会い、彼を通じて、柳宗悦（関東大震災を機に、京都に移住していた）ほか、民藝運動の作家たちと交流を深めた。黒田が初めて鍵善を訪れた理由は、その流れとは少し違うのだが、いずれにしても民藝運動の作家たちと親交のあった善造と知り合い、意気投合した。

善造が黒田に最初に依頼した「大飾棚」は、菓子収納用で引き出しの多い構造だ。発注したのは昭和6（1931）年、黒田が27歳のときで、制作に1年かかったと記録に残っている。

「拭漆欅大飾棚」昭和9（1934）年。傾斜のついたガラスのショーケースに魅了される。本店に入って右側に配置されている。

「拭漆欅大飾棚」昭和7（1932）年。完成後に届いた請求書の金額は当時で家一軒が建つほどだった。本店に入って左側に配置。

その2年後に菓子展示用の「大飾棚」が完成。こちらはガラス戸がふんだんにあしらわれている。どちらも幅3m、高さ2.2mほどと黒田の遺した作品のなかでも最大級である。

本店の大飾棚は、今も現役で活躍

菓子収納用と展示用のふたつの「大飾棚」は、善造と黒田の間では、向かい合わせで配置することを想定していたらしい。しかし旧店舗時代は、長らく離ればなれに置かれていた。旧店舗は入口の左に畳敷きの小上がりがあって、そこで座売りをしていたのだが、菓子収納用の「大飾棚」は、その小上がりの奥に据えられていた。

一方、菓子展示用の「大飾棚」は、昭和40年代前半、晴子が2階で喫茶室を始めた際に2階に移された。空き部屋を改装した空間だったので、「大飾棚」を置くことでそれなりにさまになったのだろうと想像する。平成10（1998）年、本店改装をきっかけにこの「大飾棚」は1階に降ろされて、本来の配置に戻ることになった。現在この棚には、黒田と同様に善造と交流のあった河井寛次郎をはじめとするさまざまな作家の作品を展示し、鍵善に足を運んでくださったお客様をお迎えしている。また、菓子収納用の棚は、現在は菓子こそは入っていないが、包み紙や掛け紙などを収めている。

黒田と河井は年齢が14歳離れていて、知り合ったころにはすでに河井は著名な陶芸家だった。ふたりが鍵善で実際にどんな言葉を交わしたのかはわからないが、今は「大飾棚」

右上／右と中が行器《ほかい》で左が重箱。行器に書かれているのは、明治時代以前にあった店舗の住所。右下・左下／「拭漆欅大飾棚」より。黒田が創作した金属製の持ち手や蝶番《ちょうつがい》は李朝《りちょう》家具の伝統意匠から着想を得たと思われる。左上／古い重箱にあしらわれた螺鈿。このような器は、特別な場所への菓子のお届けに使われた。

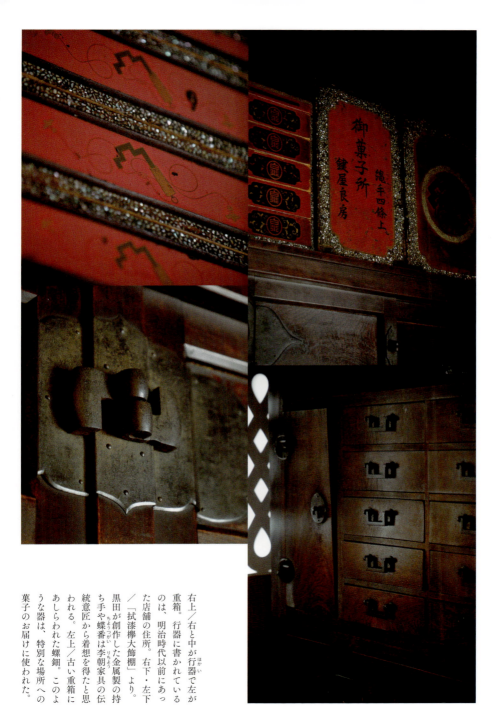

で寄り添うように並んでいる。同じ時代を生き、「民藝」を志したふたりの作品は、お互いに引き立て合っている。この眺めは本店で実感してもらえたらと思う。

黒田が選んだ鍵善の〝赤漆〟の色

「大飾棚」を毎日のように目にして感じるのは、重厚感があるのに圧迫感がないこと。店に溶け込んでいるように見えるのは、用の美を求めた民藝の精神が息づいているからなのだろうか。引き出しの持ち手や蝶番は見落とされがちだが細部まで美しい。これらも黒田が設計したものであり、黒田が優れたデザイナーでもあったことがよくわかる。

また、「大飾棚」の上に置かれている螺鈿が施された朱漆塗りの重箱や行器《ほかい》（菓子を入れた重箱をこれに納め、紐がけにして運ぶ）にも注目を。勘違いをされる方も多いのだが、これらは黒田の作品ではない。底ぶたには鍵善創業時の享保《きょうほう》年間（1716〜1736）製の記述があり、京都の工房が製作。公家《くげ》や武家《ぶけ》に菓子を届ける際に使われたものである。しかし、この朱の色と螺鈿細工を、黒田がどこかで目にしていたはずで、おそらくこれらに触発されて、ショーウインドウの「赤漆宝結文飾板」や「螺鈿くずきり用器」などが生まれたのだろう。黒田が製作した鍵善の旧店舗の小上がりで使われていた菓子を置く台や棚には、李朝風のデザインが見受けられ、黒田の古きものに倣い、新しいものを生み出していく姿勢は、私に限らず、鍵善の歴代の主人も影響を受けている。ちなみに父は平成10（1998）

「螺鈿菓子重箱」昭和13（1938）年。花弁を模したような飾り彫りが施された台の上に5段の重箱。その中には仕切りがあり、大小の菓子が収まるようになっている。上生菓子はこなし製「はんなり」。

年の本店改装の際に、軒先に大暖簾《のれん》を配することにした。「一澤信三郎帆布《いちざわしんざぶろうはんぷ》」に特注したこの暖簾は花街らしい弁柄《べんがら》色であるが、黒田が好んだ〝赤漆〟にも近く、鍵善といえばいつしか落ち着いたこの赤がイメージカラーとして定着している。

大飾棚がもたらしてくれた人の縁

善造が39歳で亡くなったため、黒田との共同作業はこれ以上の進展をみることはなかったが、ここで鍵善と黒田の縁が切れたわけではない。

善造亡き後、その父の11代目・善次郎《ぜんじろう》も亡くなり、鍵善は10数年休業することになったが、善造の妹・愛子が、娘・晴子と共に店の再興に取り組む際にも、黒田、河井ほか民藝運動の作家の方々が大きく後押しをしてくれた。再出発の際に「くずきり」を打ち出すことを思いついたのは愛子かもしれないが、看板となる書「くずきり」を書いてくれたのは河井で、その額縁の制作は黒田が担った。喫茶室を始めて10年ほどの間は、黒田が制作した「螺鈿くずきり用器」もまだ使われていた。また湯呑《の》みをはじめ什器も河井家のものを使っており、鍵善の再建に、黒田や河井家の作品が一役買ったのだと思う。

「大飾棚」から始まった善造と黒田との縁。圧倒的な美しさを誇るこの棚のおかげで、現在に至るまで鍵善はたくさんのお客様とつながることができた。このご縁を次世代に伝えるべく、私は美術館までつくることになるのだが、それは終章で語ることにしよう。

「螺鈿くずきり用器」昭和7（1932）年。「鍵」「善」「良」「房」「鍵紋」の5客組。螺鈿で描かれた優美な書、長さと幅の異なる短冊形の螺鈿を黒漆に縦に配置することで生まれるリズムが見事。内側の椀《わん》と小皿には赤漆が施されている。同じく黒田が制作した赤漆の1客用の「岡持ち」に収め、祇園町の宴席に「くずきり」が届けられていた。

田中一史さんの菓子木型

菓子木型を使った干菓子は、江戸時代中期以降に生まれたといわれる。田中さんの仕事ぶりを紹介する前に、そもそも菓子木型とはどんなものかを説明しよう。それが、菓子木型職人の技量を語ることにもなると思う。

現在の木型は、ほとんどが上板《うわいた》（菓子に厚みを出すためのもの。菓子の底にあたる部分がくり抜かれている）と台（左ページ写真・絵柄が彫られている）が組になった2枚板だが、江戸時代はほとんどが1枚板で、上板がなかった。1枚板の時代は、図柄を出すために硬い食感の生地を押し込んで打ち出していたことが想像される。干菓子が茶席用として洗練されていく過程で、指でつまめる程度の大きさになり、その分菓子に厚みをもたせるようになったのだろう。

木型に使われる材は、山桜。硬く、耐久性があり、片手で持つにもそれほど重くない。一定期間寝かせて、反《そ》りなどがない状態になった山桜を切り出し、羽子板を細くしたような形に成形する。一般的な干菓子であれば、5つから6つの同じ図柄が並ぶように、台に下絵（図柄を反転させたもの）を描き写す。打ち出されたときの図柄も参考にしながら、彫刻

たなか・かずし　1965（昭和40）年、岡山県に生まれる。「菓子木型彫刻京《きょう》屋《や》」の3代目。菓子木型を専門にする全国でも数少ない職人のひとり。特注図案を忠実に立体に再現する技で評価を得る。56ページのモンちゃんも本人作。

「菊寿糖」の木型を彫る。「花弁が中心になく、あえてずらして配置されているところが、この菓子のデザイン力」と田中さん。

刀を使って凹凸、左右などすべてを逆にして彫っていく。台に重ねる上板は、干菓子の底にあたる部分を彫ることになる。ここにも技が必要で、木型から菓子がきれいに抜けるように、底に向かって少し細くなるように木をくり抜く。上下の板を合わせたときに、ぴったりとひとつの菓子の形になるように彫り出して完成させる。

ひとつの図柄を正確に、効率よく彫る工夫

田中さんは、岡山市にある「菓子木型彫刻 京屋」の3代目。一史さんの父・武行《たけゆき》さんが私の父のもとに営業に来て、そこから仕事のお付き合いが始まった。当時、京都では最後の木型職人が引退し、これから先のことを思案していたときに武行さんが登場したというわけだ。通常、木型の発注は菓子道具店に仲介してもらうものだが、うちでは菓子の材料も直接生産者の方々とやりとりすることが多くなっていて、その流れで木型に関しても話が早くまとまる京屋さんに直接依頼することにしたようだ。何より、親子で腕がいいことが大きな決め手になった。

「正確に彫ることを、ひとつのウリにしているところはありますね」

と飄々《ひょうひょう》と口にする田中さん。あたりまえのようでいて、これができる人は少ない。

「コツは、ひとつの図柄を最初から最後まで続けて仕上げようとしないこと。たとえば『菊寿糖』の木型を彫る場合も、古い木型の複写ではあるけれど、進め方は同じです。ま

ず台の板を横にして、菊が9つ並ぶように下絵のあたりをつけます。ひとつの菊の花を完成させるには8工程ぐらいあるのですが、ひとつの工程を終えたら、そのまま横に手を動かして9つ分を彫る。同じ動作を9回続けたほうが、手際よく正確に彫ることができます。しかも同じ彫刻刀のまま作業が続けられるので、楽です。『菊寿糖』の木型の場合、ひとつの菊を仕上げるのに多くの彫刻刀を使うので、いちいち持ち替えるのも面倒なんです」

「菊寿糖」の菊は、花びらだけでも53枚。「菊寿糖」の木型1本を仕上げるのに、丸2日かかるという。頭の下がる思いである。

木型の消耗は、干菓子の底の部分にあたる上板のほうが圧倒的に早い。職人が生地をこすりつけるからだ。上板の発注や木型の修繕にも、田中さんは丁寧に応じてくれる。

菓子屋の主人の図案を3次元に仕上げる技

仕事の正確性に加えて、田中さんに信頼を寄せている理由はもうひとつある。木型を発注するうえで、2次元の図案を元に発注する菓子屋は、それを3次元に仕立て上げる木型職人に、最終的にはお任せする部分が多くなる。田中さんは豊富な経験と技術で、私が思い描く菓子に着地してくれるのだ。

発注する木型の図案は、「菊寿糖」のように古い木型の複写もあるが、お客様からの依頼を受けて主人が考えたものや、主人が〝こんなものをつくってみたい〟と独自に発想したものになる。最近では、企業のキャラクターなどを菓子にする場合も増えている。

菓子屋がいちばんに気にすることは、見た目の美しさと菓子の大きさである。打ち物の場合は、ある程度大きさがないと図柄がわかりにくい。しかし、大きすぎてもやぼったいし、口どけのよさもとても気になる。同時に、「できるだけ打ち損ないの少ない図柄に」といった要望もある。10個打って2個の打ち損じ（図柄がはっきり出てこない、割れてしまうなど）があるようでは商売にならないので、木型として使えない。

たとえば企業のキャラクターのような正確性が求められる図柄であっても、最終的な菓子の雰囲気はとても重要になる。カチッと堅くクールに仕上げるのか、ゆるく優しい感じにするのか。そんなところも話し合いながら突き詰めていくのだ。

「いっぺん、やってみますわ」

のひと言で、私の想像通りになるのがありがたい。田中さん自身は超絶技巧を得意としているようだが、鍵善が求める菓子の雰囲気に合わせて、技を使い分けながら仕上げてくれるところも、さすがである。木型は菓子屋と木型職人がそれぞれ意見を交わしながら、ふたりでつくり上げるものだと思っている。

菓子木型は、菓子屋にとって宝物だ。1本1本が鍵善を語る歴史でもある。機械の型抜きでは絶対に出せない独特の味が木型にはあると思うのだが、その木型をつくれる職人はわずかである。田中さんの仕事が続くように、私も打ち物の菓子をつくり続けたい。

右上／「すくいノミ」「つきノミ」「平ノミ」など種類別に分けられた彫刻刀。祖父、父から譲り受けた道具も含めて、たくさんの刃物を使って木型を彫る。右下／作業部屋の机は出窓に面している。木型の仕上がりの確認に自然の光と影を利用する。左上／仕事場には、人間や動物の小さな模型が置いてある。図案の立体化に役立つという。左下／木型の底まで刃が入り込むよう、彫刻刀の柄を削って刃を出すなど独自の工夫を施している。指の延長のように彫刻刀を扱うことが、いい仕事を生む。

大黒晃彦さんの花

おおぐろ・あきひこ　１９８６（昭和61）年、三重県に生まれる。２０１７（平成29）年より活動の拠点を京都に移し、活ける花を滋賀の自宅にて自ら育てる。ひとつとして同じものがない花の美しい一瞬を摘み取り、さまざまな空間に活ける活動を行う。

12代目・善造が黒田辰秋に依頼した、ショーウインドウの飾り板。赤漆が施された宝結文の板がぴったり4枚並ぶとおよそ3m弱の長さになる。こんなに大きなショーウインドウのある店は、京都でも数少ないのではないか。このショーウインドウは、旧店舗のときも同じ大きさで、当時は向かって右手にもショーウインドウがあった（そこにも黒田の飾り戸があった）。ショーウインドウは菓子の宣伝だけが目的ではなく、お客様や道ゆく人に季節の巡りを伝える場でもある。昔の写真に祖母・愛子と母・晴子がディスプレイを思案する姿があるのだが、その顔は楽しそうだ。善造に始まり、歴代の主人が黒田の飾り板にふさわしいディスプレイを考えてきた。

いざ自分が飾り付けを考えるようになると、よその店のディスプレイも気になる。京都の古い店には、まだショーウインドウが残っている。祇園町でいえば、古門前《ふるもんぜん》の古美術店あたりを「今の季節はどんなお軸がかけてあるのかな？」とのぞくのが私の楽しみだ。ショーウインドウに

2月、椿《つばき》「加賀八朔《かがはっさく》」を岸《きし》野寛《のかん》作の壺《つぼ》に活ける。「加賀八朔」は茶花として古くから人気のある品種。やわらかな白い花に、店を訪れる人の心まで温まるようだ。

花は欠かせないもので、花ひとつにも主人の好みが表れると思う。

現在、鍵善の本店と高台寺《こうだいじ》店の花を活けてくれているのは、花人の大黒晃彦さん。大黒さんが扱うのは、茶花や山野草。季節を先取りしたものは花屋さんで求めてくるが、基本的には滋賀のご自宅で自身が育てた草花を活ける。母・晴子は洋花が好みだったのだが、かねてから鍵善には和花が似合うと思っていた私は、大黒さんと花の好みが合った。

自然の中で育った花の力強さをそのまま活ける

大黒さんは毎週火曜の朝、滋賀から車に花を積んでやってくる。本店であればショーウインドウから喫茶室、入口の待合所、手洗いなど、数か所それぞれの器に適した花を入れ替える。2日に一度は顔を出し、花の状態に目を配ってくれる。

「ショーウインドウの花は、隣にある菓子を引き立てるように、季節の花を素直に活けることにしています。あとは、ご主人の『好きにやっていい』という言葉に甘えて、鍵善さんの空間に合いそうなものを、自分の思うように活けています。鍵善さんは空間にゆとりがあるし、器にも個性があるので、活ける花も考えやすいです」

花を活けるプロはたくさんいるが、自ら育てた花で店を飾ることができる人はそういない。そのうえ、大黒さんは花の育て方も独特だ。畑ではなく、鉢で育てるという。花木を病気などから守る目的もあるが、鉢だと枝の方向などを好きなように調整できるそうだ。

枝がついたまま店に持ち込み、鍵善の器と空間に合わせてはさみを入れる。たくさんの枝を落とし、伸びやかな姿を強調。121ページと見比べると、その違いに驚かされる。

椿ひとつとっても100を超すほどの種類を、鉢で育てる。夏場は1日の半分以上が水やりに終わるとか。

「手がける花や草木の品種は、自分が育ててみたいというよりも、納品先のご主人を思い浮かべて選ぶことのほうが多いです。この店のこの空間にぴったりハマるだろう、という花を育て、活けることに僕はやりがいを感じます」

店にはたくさんの人が行き交う。そこで人の目を惹くためには、と考えたとき、一般的には花を飾り立てる行為に向かうのだろう。ところが大黒さんは、「生命力のある花の姿こそが、人の印象に強く残る」という発想だ。厳しい自然の中で育った花を使いたいので、温室は持っていない。苔《こけ》のついた枝、虫に食われた葉も自然の一部として活ける。冬の松、初夏の蓮《はす》など、光を求めて伸びていく姿が鍵善の大きなショーウインドウに表現されるのが面白い。大黒さんとの付き合いも4年目に入るが、毎回ハッとさせられる。

「朝起きて、まっさらな気持ちのまま庭に出て、目に飛び込んできた草花を摘み取る。扱う花材がルーティンになってしまったら、自分もつまらないし、それは見ていただくお客様も同じでしょう。かっこよく聞こえるかもしれませんが、実際のところは朝4時半起きで、冬場は頭にヘッドライトをつけて、暗闇をさまよっているんですけど（笑）」

鍵善で花を活け始めたころは、大黒さんも尖《とが》っていたのだろう。ショーウインドウに花1本を活けて終わり、ということもあった。父からも「草ばっかりじゃないか。これでは

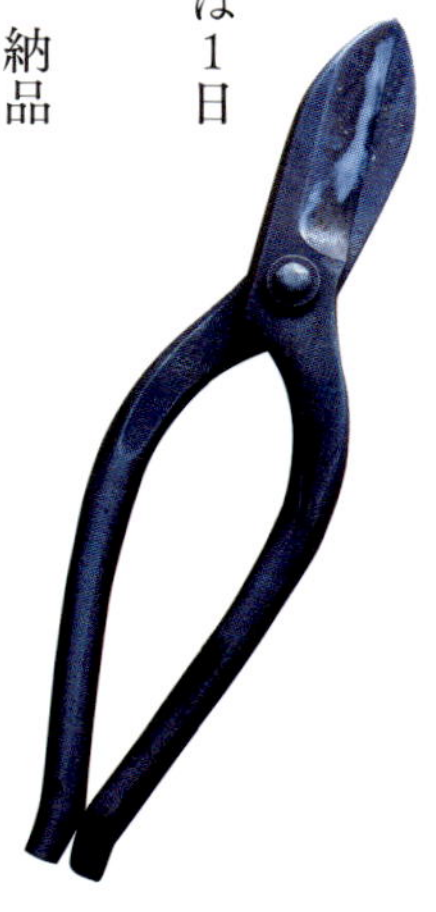

大黒さん愛用のはさみ。切れ味がよく、高音の響きも気に入っているという。

ウインドウが寂しくないか」とツッコミが入ったことも。そんな大黒さんも経験を積み、このところは活ける花に色気が感じられるようになったと思う。

お茶屋さんのようなしつらえを鍵善の喫茶室でも

平成10（1998）年に父が本店を建て替え、本店の喫茶の空間はだいぶ広くなった。今は花を飾る場所が、5か所もある。そのためにさまざまな花材を用意してもらうのも旧店舗から引き継いだことで、花に目を配ることも店主の役目である。

祇園町には「お茶屋さん」という舞妓《まいこ》、芸妓《げいこ》がもてなす店がある。そこを訪れた客への食事や菓子は仕出しで調達し、店が用意するのは「芸と空間」という特殊な商いである。ここで重んじられるのは、軸や絵画といった季節に合わせたしつらえと花。一見客《いちげんきゃく》は足を踏み入れることができない場所だが、それは見事なもてなしの空間が広がっている。こうした祇園町に伝わる文化の匂いを、鍵善の喫茶室で感じてもらえたらと、祖母・愛子は考えたようだ。祇園町で育ち、熱海の旅館に嫁いだ愛子は、もともと花を活けたり、しつらえを考えたりするのが得意であったようだ。

喫茶室の軸や絵画を選ぶのは、今でも父の担当。大黒さんが活ける花の雰囲気に合わせて、まめに軸や絵を替えている。古きよき京都を描いた作品に、大黒さんの野趣あふれる花のあしらいが面白い。季節を踏まえながらも予定調和でないところが、鍵善の店内に新

本店の喫茶室。庭に向かって大きく切り取られた窓から明るい光が差す。壁には花や絵画が飾られ、お客様の目を楽しませている。

しい風を吹き込んでいるようだ。うれしいことに、喫茶室を利用されるお客様もうちの花を楽しみにしてくださっている。花の名前の問い合わせが多いので、喫茶のスタッフはすぐにお答えできるようにしている。

若い人に活躍の場を与えるのも老舗主人の役目

大黒さんを紹介してくれたのは、私の親しい友人のひとり。才能のある若い人に活躍の場をつくってあげたいという思いに共感する私も、友人に協力することになった。今まで鍵善と付き合いのあった花屋さんやお花の先生に頭を下げて、大黒さんが花を活ける日を特別に設けることから始まった。そんな〝お試し期間〟を見事にものにした彼は、今や京都の料理店やホテルからも声がかかる花人となった。

京都では、「どこで仕事をしている」という経歴も、信頼を得るひとつの手がかりになる。若い人にとって鍵善でのキャリアが生きるのであれば、それは光栄なことである。大黒さんが今以上に人気者になって、「気楽にうちの仕事は頼めなくなったなぁ」などとじゃれあいながら、これからも一緒に鍵善を盛り立てていけたらいい。

左ページ右上／家の裏山で見つけた筍《たけのこ》を節ごと活ける。器は古谷道生《ふるたにみちお》作。右下／若狭物外《わかさもつがい》の描いた雛人形の絵と呼応するように、淡い桃色の椿「数寄屋侘助《すきやわびすけ》」を活ける。左上／晩秋のころ、美《び》男葛《なんかずら》、藤豆、赤花野菊、磯菊、山芋のつるの取り合わせ。器の作家は不明。壁にかかるのは京都で活躍した画家・石本正《いしもとしょう》が描いた『舞妓』。左下／本店入口の机の上にも花を。羽蝶蘭《うちょうらん》と苔の寄せ植えを辻村唯《つじむらゆい》作の器に。

菓子屋主人のバタバタ歳時記 ③

【９月】初旬／９日の重陽の節句に合わせて「菊寿糖・彩り」の販売開始。徳島産なると金時《きんとき》「里むすめ」の初物が出たら、焼菓子の製造再開。入れ替わりで「甘露竹《かんろたけ》」は終売。秋の味覚を菓子に仕立てた籠入り菓子「みのりの秋」の製造開始。中旬／丹波《たんば》から新栗が届くと（早生《わせ》の栗は使わない）、工場は一気に忙しくなる。栗の蜜漬けの仕込みが整ったら、秋の名物「栗むし羊羹《ようかん》」やきんとん「山づと」などに使う。中秋の名月に営業日があたったら、「月見だんご」を製造。【10月】初旬／朝は暑さもやわらぎ、モンちゃんの息も落ち着いてきた。薯蕷饅頭《じょうよまんじゅう》「光琳菊《こうりんぎく》」などが並び、店頭は秋めく。10月は東京のデパートの催事で「くずきり」の提供が恒例に。下旬／干支《えと》の干菓子の詰め合わせ「宝来《ほうらい》」の試作をチェック。来年の干支の図柄を決める。【11月】初旬／真如堂《しんにょどう》の紅葉の絨毯《じゅうたん》をモンちゃんと歩く。京都大学あたりの東大路《ひがしおおじ》通のイチョウの色づきも楽しみ。この時期、清水園芸さんから立派な懸崖菊《けんがいぎく》が届くので、本店正面に飾る。上生《じょう》菓子は秋本番。中旬／お歳暮・迎春菓子の準備を始める。26日／南座《みなみざ》にまねき看板が上がると、いよいよ鍵善も年末モード。“打ち物祭り”（66ページ）に熱が入る。【12月】１日／北野天満宮にて「献茶祭」。７月16日と同様、菓匠会《かしょうかい》で「御題菓子」の展示と香煎茶《こうせんちゃ》の接待を行う。このころ南座では「吉例顔見世《きちれいかおみせ》興行」の幕開け。菓子を持って役者さんにご挨拶。13日／「事始《ことはじ》め」。工場では「花びら餅」のごぼうの蜜漬けづくり開始。中旬／「宝来」「園の賑い」の販売開始。下旬／「七寿づくし」「花びら餅」の販売開始。夜は東山消防団弥栄《やさか》分団の一員として年末特別警戒パトロールが始まる。大黒晃彦さんの今年最後の花活けも正月仕様に。29日／本店玄関に幔幕《まんまく》を張る。31日／朝から菓子の配達、ご挨拶回り。店のみんなと挨拶して仕事納め。

終章

祇園町の菓子屋　過去と未来をつなぐ

菓子屋併設の喫茶室の先駆として

菓子屋を商いにしている以上、日々の菓子の売れ行きが頭の中を占めている。いくら「昔から続いてきた手仕事を残していきたい」と口で言っても、うちの職人やスタッフに働いてもらうためには菓子が売れないと困る。しかし、それだけを考えていても足りないと気づいた。菓子を売ることだけでなく、お客様に菓子を楽しんでもらう「時間」の提案も、鍵善として真摯に取り組むべきことではないか。

母・晴子の先見の明により、鍵善は京都でいち早く菓子屋として喫茶室を始めたわけだが、私には、このところお客様が家でゆっくりお茶を淹《い》れて菓子を楽しむ時間がないように思える。今の時代はなんでも便利になったのに、時間が余るわけでもない。だからこそ、「家でゆっくりお茶を」、それがままならないのなら、「鍵善に来て、ひとときお茶とお菓子でくつろいでください」と呼びかけたい。うちの喫茶室で過ごしたことで、「いい時間を得た」と心に残るようなら、お客様の暮らしのな

上／喫茶室で提供する「上《じょう》生菓子」。写真は3月下旬のころ。上から時計回りに「桜餅」、こなし製「はんなり」、薯蕷饅頭《じょうよまんじゅう》「春を舞う」、練《ね》りきり製「野の春」、きんとん製「都の春」、ういろう製「蝶々《ちょうちょう》」。下／喫茶室にて、開店前の掃除風景。

かに、お茶の傍らに菓子のある時間が戻ってくるのではないか。

なんだ、結局は菓子を売りたいのかと言われそうだが、菓子のもつ力は確かにあるのだ。コロナ禍を挟んでここ数年、欧州で和菓子づくりの実演をする機会を数回いただいた。和菓子には「銘」があり、季節が表現される。それを前にしたら、人と人の間に自然と会話が生まれるし、笑顔になる。言葉の壁があっても、菓子を介して心が一瞬にして通じ合う。日常の喜びは、菓子ひとつからでも生まれるのだ。皆様に喜んでいただき、その結果、菓子がたくさん売れたならこれほどうれしいことはない。

ということで、私が主人になってからも進化している鍵善の喫茶空間を、本店から順に紹介しよう。

本店の喫茶室は、「くずきり」をはじめ、品書きにある甘味の種類は以前から基本的に変わっていない。席に着いたお客様には、先にお茶と干菓子（「菊寿糖《きくじゅとう》」や「おちょま」）をお出しする。ご注文いただいたものができあがるまでこのように待っていただくサービスは母・晴子が考えたことで、これも踏襲《とうしゅう》している。昭和40年代前半、旧店舗に喫茶室ができた当初は2階にあり、このころとしてはなかなか凝った空間だった。平成10（1998）年の本店の改築をきっかけに喫茶室を1階に移したが、変わらずに季節に合わせた軸や絵、花を飾っている。

正直に言えば、こんな喫茶室をやっていくのは今の時代、なかなか厳しい。もっと楽なやり方があるのではないかと思うのだが、やれる限り、本店は昔のままでいきたい。ここは若い人からお年寄り、国内外のお客様に幅広くご利用いただいているし、もっとたくさんの方々に来ていただきたい。上生菓子も塗りの重箱に入れて、昔の菓子見本箱のようにお見せしている。ここは鍵善という歴史ある菓子屋に触れる入口の役割もあるし、〝いいお軸を見て、花を眺めて、季節を感じる〟といった祇園町《ぎおんまち》の古きよきもてなしに触れてもらいたい。豊かで贅沢な時間を味わえる場でありたいのだ。

新しいカフェでは和菓子にコーヒーや紅茶を

父から代替わりして少し落ち着いたころ、父の住居と貸しギャラリー（この敷地が後に紹介する鍵善の美術館になる）の向かいの建物に空きが出て、私に声がかかった。本店の喫茶室は、観光シーズンになるととても混み合う。そこで当初は、本店の別室という形で喫茶室を計画していた。いろいろと人に相談しているうちに、新しいことをするなら喫茶ではなくカフェにしてみては？　となった。というのも、周囲の人々やお客様からも「自宅では生菓子にコーヒーを合わせている」といった声を少しずつ聞くようになっていたからだ。10数年前の京都はまだ、和菓子といえば抹茶。その抹茶は今のようにペーパーカップで気軽に飲むようなものではなく、抹茶茶碗に入った「お薄《うす》」一択だった。東京で「中川ワニ珈琲」を営む中川ワニさんと知り合い、力を貸していただけることになったのも私を後押しした。そうして平成24（2012）年、「ZEN CAFE《ゼンカフェ》」を開店。

お茶の品書きは、煎茶、ほうじ茶、コーヒー、カフェオレ、紅茶とした。加えて季節のジュース、炭酸水、ビールも提供しているが、あえて抹茶は外した。

菓子は、「上生菓子」と「季節の和菓子」、そして「くずもち」。「上生菓子」はつくり立ての菓子のおいしさを、その場で味わっていただくことにこだわっている。たとえばきんとんもでき立てをお出しする。そぼろは細かく、ギリギリのやわらかさに仕上げる。「くずもち」は、森野《もりの》さんの葛《くず》を、注文が入ってから練り上げる。「季節の和菓子」は昔ながらのものにひねりを加え、「柏餅」なら道明寺粉《どうみようじこ》の生地に変え、「水無月《みなづき》」なら、きなこやくるみ風味に仕立てている。

「ZEN CAFE」の内装はアンティークや北欧の家具を中心に、ところどころに和の要素を入れて現代的なカフェ空間にしつらえ、飲み物や菓子の器は手に入りやすい若い現代作家の作品を主に使っている。ここには〝暮らしのなかにお茶の時間を〟といった鍵善からのさりげないメッセージを込めている。折敷《おしき》でお茶と菓子を楽しむ提案を、お客様がご自宅で同じように取り入れてもらってもいいし、器使いをまねてもらってもいい。コーヒーや紅茶など、好みの飲み物と和菓子の取り合わせを味わってもらえたらと思っている。

これまで鍵善本店に足を踏み入れたことがなくても、〝和菓子とコーヒー〟に惹《ひ》かれて、「ZEN CAFE」なら行く。そんな人に来てもらうのが私の狙いだったが、結果は予想外のものだった。鍵善本店の古くからのお客様が私の新しい試みを歓迎してくれたのである。

果敢に新しいことに挑戦するのが鍵善らしさ

老舗《しにせ》の鍵善が、コーヒーと和菓子だなんて。風あたりが強かったのでは？　と聞かれることもあるが、家族や周りから何か言われた記憶はない。モダンなものを好んだ善造《ぜんぞう》、喫茶室を始めた祖母と母のことが頭にあったからだろうか、「皆様に喜んでもらう、楽しんでもらうことをする」のは、鍵善の主人として当然のことだと思っていた。「ZEN CAFE」ができたことで、鍵善本店でしか味わえない喫茶の時間、空間も引き立った。どちらかの店に偏るのではなく、気分で使い分けてくださるお客様が増えている。これに手応えを得

「ZEN CAFE」にて。備中白《びっちゅうしろ》小豆《あずき》で炊いた白あんを楽しむ、きんとん製「白雪《しらゆき》」。12月から1月いっぱいまでの提供。器は辻村唯《つじむらゆい》作の向付《むこうづけ》。コーヒーは「中川ワニ珈琲」のオリジナルブレンド。岸野寛《きしのかん》作のカップ＆ソーサーで味わう。

た私は、さらに新しいことに挑戦した。

「ZEN CAFE」オープンの翌平成25（2013）年、鍵善のショッパー（手提げ袋）の絵を、かねてから敬愛していた現代美術家の山口晃《やまぐちあきら》さんに依頼し、デザインを一新した。いくつかの絵から選んだのは、「好きなカフェーのおじいさん」。ここにも、私のテーマである〝お茶と菓子のある風景〟が描かれている。

令和6（2024）年4月には、父が1980年代に建てた支店である高台寺《こうだいじ》店を、老朽化に伴い、改装。時間制で予約のできる個室を設け、ほかの部屋にも間仕切りを入れた。もともと高台寺店は静かに過ごしたいお客様に好まれていたが、改装によってその希望をより叶えるサービスができるようになった。また2階にはワークショップにも対応可能な大きな部屋も用意。現代のお客様は、茶道とは違う視点で和菓子を見て、好きになってくれる人も多い。そんな新しいお客様との交わりも楽しみである。

平成25年に変更した手提げ袋。表面は山口晃作「好きなカフェーのおじいさん」。裏面には欧文でKagizenのマークとロゴを入れた。

高台寺店の予約席。部屋から見える坪庭にも花の鉢を置き、季節ごとに替える。花活けは大黒晃彦《おおぐろあきひこ》による。

〝文化サロン〟祇園町の復興を象徴する美術館に

「ZEN CAFE」という新しい表現の場を得て、建築家、庭師、器作家といったクリエイターたちとの共同作業に胸を躍らせることになった。菓子づくりの面でも、コーヒー焙煎家との出会いがあり、新しい創作表現が続いている。路地を入った小さな店だが、わざわざ大人が足を運び、くつろげる喫茶空間をつくることができたと思う。世界規模の観光ブームが京都に押し寄せている昨今、現在の祇園町には大人が腰を落ち着けたくなるようなこうした店が残念ながら減っている。祇園町で生まれ育った私としては、かっこいい大人や文化の匂いが町から消えつつあることが、寂しい。この町で300年以上商いをしてきた鍵善は、たくさんの恩恵を受けてきた。それをお返しすると言ったら、ええかっこしいなところもあるが、「ZEN CAFE」ができて人の流れが、祇園町での過ごし方が少し変わったように、まだ私にできることがあるのではないか。

そう考えた私がたどり着いたのが、若い芸術家が作品を発表する場として、父が設けたギャラリーを改装して美術館を創設することだった。菓子屋の挑戦としては荒唐無稽《こうとうむけい》なことではあるが、無知だからこそ自信があったような気がする。笑ってもらって構わないが、頭にあったのは映画『フィールド・オブ・ドリームス』。主人公の中年男性は、「それを作れば彼はやってくる」と不思議な声に導かれて、自分のトウモロコシ畑をつぶして野球場を建設する。鳴かず飛ばずの営業が続くなか、ある出会いから彼や、周囲の人たちの人生も好転するという、夢をもつ大人の背中を押してくれる素敵な寓話だ。
幸い鍵善には黒田辰秋《くろだたつあき》、河井寛次郎《かわいかんじろう》のコレクションがあるので、小規模なら運営できるような気がした。そこで「ZEN CAFE」の向かいに、令和3（2021）年に誕生したのが「ZENBI《ゼンビ》—鍵善良房—KAGIZEN ART MUSEUM」である。

開館から3年が経ち、黒田辰秋と河井寛次郎という鍵善ゆかりの作家の企画展ができた。そして現代美術家の方々とも多くのつながりをいただいた。現代美術家たちの作品から着想を得た菓子づくり、美術家からの提案を反映した創作菓子も、ミュージアムショップで販売できるまでに定着し、職人やスタッフも大いに刺激を受けている。

美術館から新しい出会いが生まれ、鍵善で新しいものを創出できることもうれしい。鍵善がこれまでいただいた人やものとのご縁を、祇園町を介して過去から未来につなげることができて、15代目主人としての役割は果たせたかな、と少し安堵している。

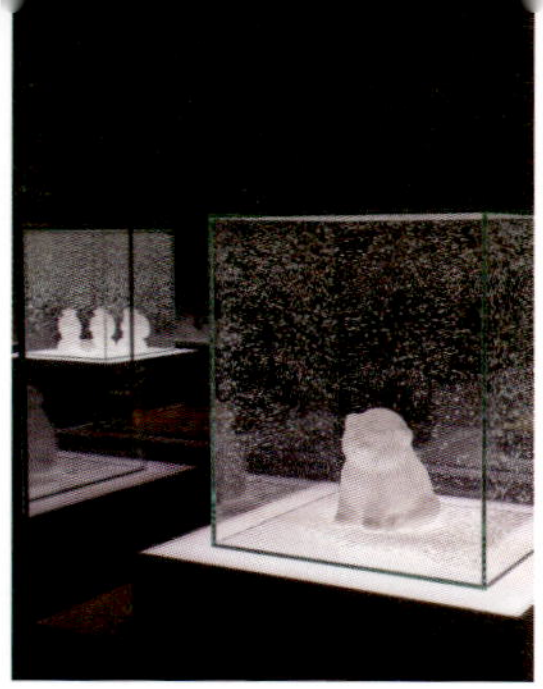
©MIYANAGA Aiko

「ZENBI」の展示風景より。上／企画展「宮永愛子《みやながあいこ》—海をよむ」（令和5年）。下／鍵善良房コレクション「河井寛次郎とその系譜」Ⅱ期（令和5年）。左ページ／令和3年1月より令和6年7月末までの展覧会チラシ。

宮永愛子
海をよむ
MIYANAGA AIKO exhibition
2023年6/3(土)–8/27(日)
ZENBI 鍵善良房 KAGIZEN ART MUSEUM

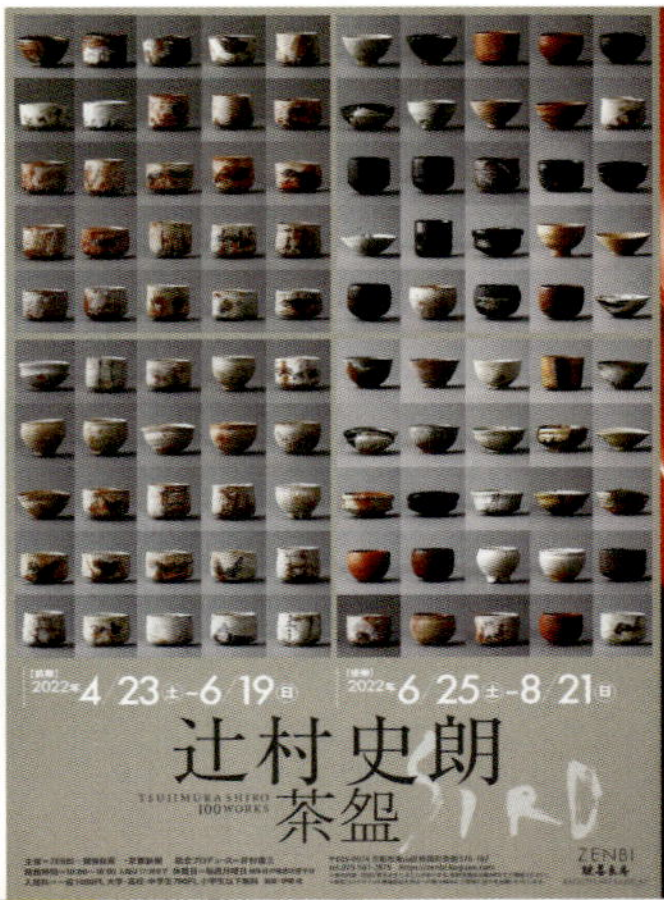
[前期]2022年4/23(土)–6/19(日)
[後期]2022年6/25(土)–8/21(日)
辻村史朗 茶盌
TSUJIMURA SHIRO 100WORKS
ZENBI 鍵善良房

開館記念特別展
黒田辰秋と鍵善良房
結ばれた美への約束
Opening memorial
Tatsuaki Kuroda & Kagizen Yoshifusa
2021 1.8 Fri – 6.27 Sun
ZENBI 鍵善良房

MASAOMI RAKU
The Bowl of Light
SCULPTURE EXHIBITION
光の器
樂雅臣
彫刻展
2024年 1/6(土)–4/7(日)
ZENBI 鍵善良房 KAGIZEN ART MUSEUM

原榮三郎が撮った京都
WARHOL IN KYOTO 1974
PHOTOGRAPHED BY
EIZABURO HARA
2022年 9/17(土)– 2023年 2/12(日)
ZENBI 鍵善良房 KAGIZEN ART MUSEUM

開館記念特別展
ちこちこ小間ごと
山口晃
SPECIAL EXHIBITION
YAMAGUCHI AKIRA
2021年 7/6(火)–11/7(日)
ZENBI 鍵善良房

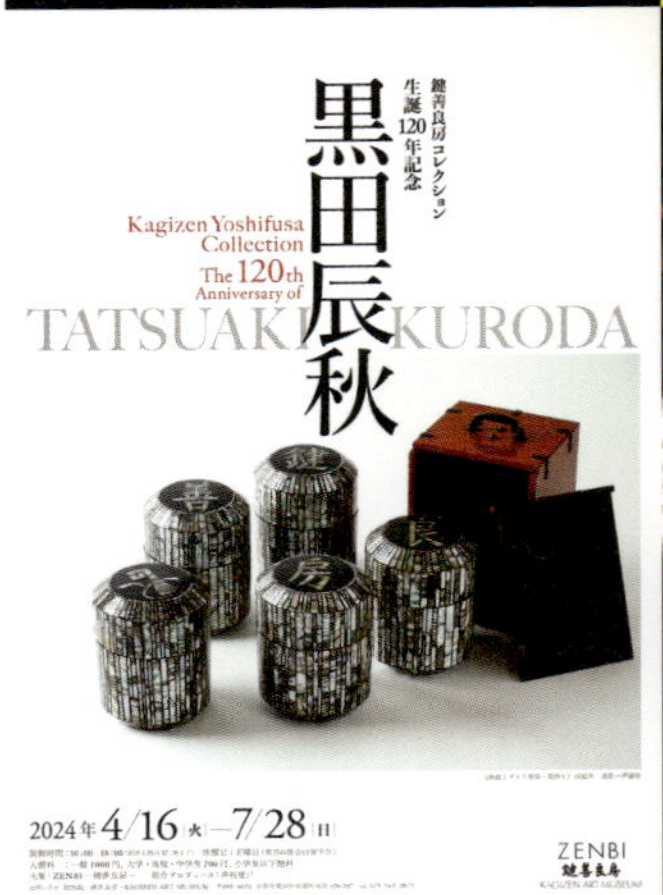
鍵善良房コレクション
生誕120年記念
黒田辰秋
Kagizen Yoshifusa Collection
The 120th Anniversary of
TATSUAKI KURODA
2024年4/16(火)–7/28(日)
ZENBI 鍵善良房 KAGIZEN ART MUSEUM

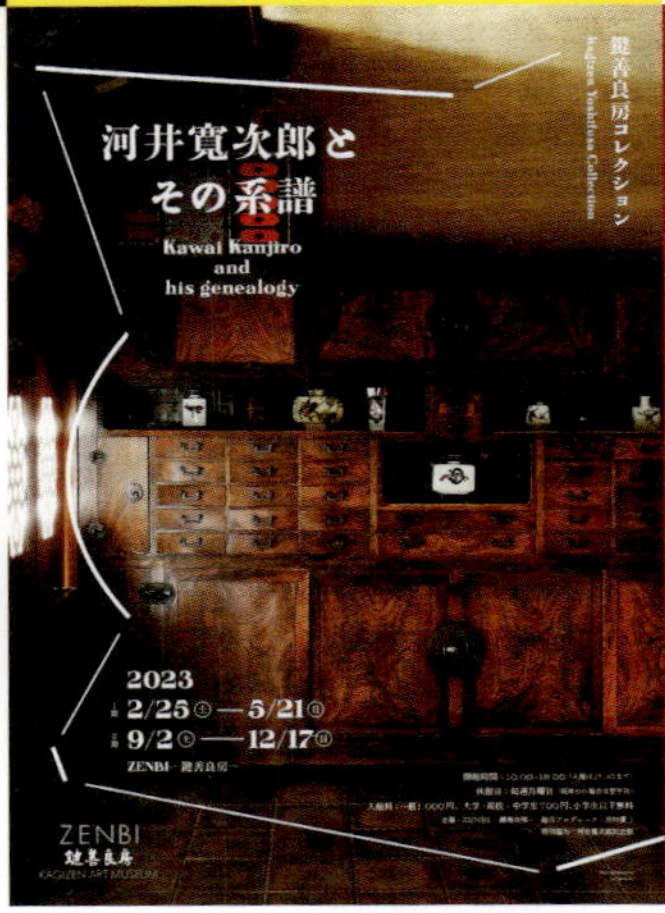
河井寬次郎とその系譜
Kawai Kanjiro and his genealogy
鍵善良房コレクション
Kagizen Yoshifusa Collection
2023
2/25(土)—5/21(日)
9/2(土)—12/17(日)
ZENBI 鍵善良房 KAGIZEN ART MUSEUM

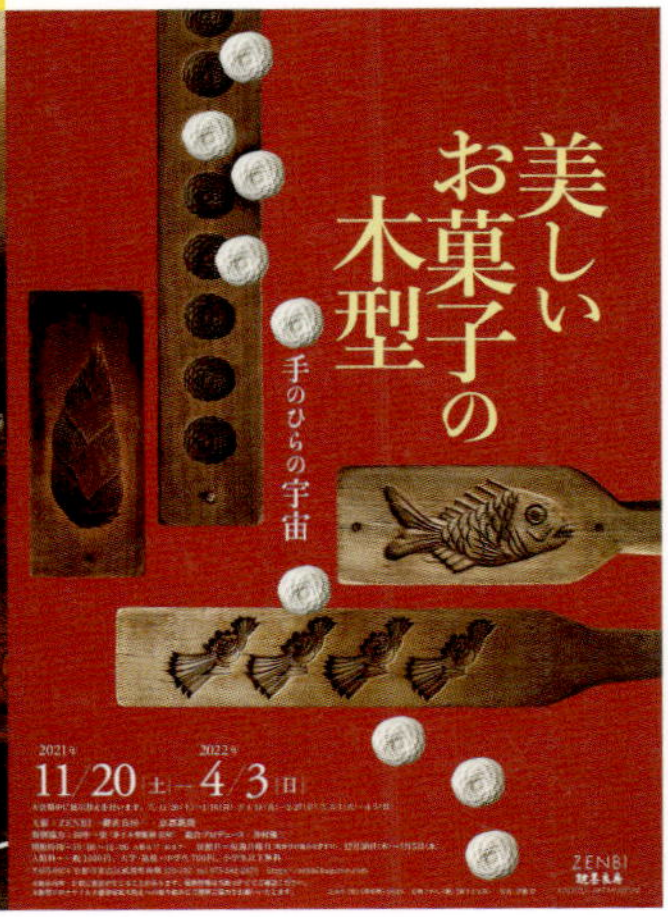
美しいお菓子の木型
手のひらの宇宙
2021年 11/20(土)– 2022年 4/3(日)
ZENBI 鍵善良房

あとがき——お菓子はローカルフードです

菓子は土地に根づいたものが多い。その土地の暮らしのなかから生まれ、長い年月をかけて育まれてきたものです。京都だけでなく、日本にある昔ながらの菓子のほとんどがそういうもので、これは日本に限った話でもありません。

私は国内外問わず旅に出るとその町の古い菓子屋に足を運んで、菓子を買うのが好きです。駅や百貨店でその菓子が買えても、できる限りそのお店の本店で買うようにしています。どんな場所に店があるのか、店のしつらえや、働く人のふるまいを見ることに興味があるし、どんなお客さんが買っているのかも気になります。

どこにでもあるような素朴な菓子でも、その土地でどうやって生まれ、長いこと愛されてきたかという話が聞けるのが楽しい。それは店やそこに暮らす人たちによって語り継がれてきたもの。菓子を買いながら、私はその菓子にまつわる物語も一緒にいただくのです。

今回、この本では鍵善の菓子と、それがどのようにできているかを紹介してきました。

そして、どちらかといえば、お菓子ができるまでの裏側にスポットをたくさん当ててみました。もうそんなの知っているよという人にも楽しんでいただけるように、素敵な写真も多めに入っております。

鍵善の創業は江戸中期で約３００年、私で15代目といいます。でもよくわかるのは善造さんのお父さん善次郎さんのころからのことばかり、店に残っているものも謂《いわ》れもそのころのものがほとんどです。だから私の気持ちとしては5代目くらい。私がこの家に生まれて50年、見てきたものも聞かされてきたものも、もうだいぶ古くなりました。まだ残っているものもありますが、店を取り巻く景色も変わりました。今、こういう本に記録を残せたのは本当にありがたいことです。本にまとめるまで根気よくお手伝いいただいたみなさんにも感謝しています。

「鍵善はいつまでも変わらないですね」と言われると、なんだか気恥ずかしい。

むっちゃ変えてます。変わらんように、変えている。

そんなところも、この本から伝わればうれしいことです。

そして何より、この本を読んで、また鍵善に行こうと思っていただければうれしいですし、いつもの菓子もまた違って見えるかもしれません。

「このお菓子はね」から始まる豊かな時間をみなさんに楽しんでいただければ、菓子をつくる者からしたらそんな幸せなことはないのです。

二〇二四年八月　今西善也

鍵善　店舗一覧

鍵善良房　四条本店

京都府京都市東山区祇園町北側264
☎075・561・1818
9時30分～18時／喫茶は10時～17時30分L.O.（18時閉店）
月曜休（祝日の場合は営業、翌火曜休業）、年末年始休
「くずきり」1400円、「わらびもち」1200円、「上生菓子」640円など。
kagizen.co.jp

鍵善良房　高台寺店

京都府京都市東山区下河原通高台寺表門前上る
☎075・525・0011
10時～17時30分L.O.（18時閉店）
水曜休（祝日の場合は営業、翌木曜休業）、年末年始休
「くずきり」1400円、「上生菓子」640円など。
予約制の個室は席料2000円で、1時間貸し切れる。電話にて受付。

ZEN CAFE

京都府京都市東山区祇園町南側570－210
☎075・533・8686
11時～17時30分L.O.（18時閉店）
月曜休（祝日の場合は営業、翌火曜休業）、年末年始休
「上生菓子（飲み物とセット）」1500円、「特製くずもち（飲み物とセット）」1700円など。

ZENBI―鍵善良房―KAGIZEN ART MUSEUM

京都府京都市東山区祇園町南側570－107
☎075・561・2875
10時～18時（入館は17時30分まで）
月曜休（祝日の場合は開館、翌火曜休館）、年末年始休、展示替期間
zenbi.kagizen.com

ミュージアムショップ Zplus（ジープラス）

☎075・708・7311
※住所と営業日、営業時間は美術館と同じ。限定菓子（持ち帰りのみ）はこちらで販売。
Instagram@museumshop_zplus

【この本で紹介した人々（登場順）】

友江製糖所
徳島県阿波市土成町吉田字川久保173

森野吉野葛本舗
奈良県宇陀市大宇陀上新1880
morino-kuzu.com

森田氷室
京都府京都市東山区下河原通八坂鳥居前下る
上弁天町435

竹定
京都府京都市東山区大和大路通五条下る
上棟梁町120

永田木箱店
京都府京都市南区西九条開ヶ町48

加藤製箱店
京都府京都市南区西九条開ヶ町47－1

田中一史／菓子木型彫刻　京屋
岡山県岡山市東区中川町552－7
www1.megaegg.ne.jp/~kyoya-kigata

大黒晃彦
Instagram@oguroakihiko

【この本で紹介した菓子（登場順）】

菊寿糖
紙箱20個入1500円、木箱28個入2800円～
菊寿糖「白」紙箱20個入2800円

くずきり
1400円（喫茶室のみ）

甘露竹
1本400円、サービス箱5本入2000円～

園の賑い
紙箱（小）1650円～
木箱（1号）5500円～

花びら餅
1個600円、紙箱3個入2000円～

おひもさん
サービス箱5個入1400円～

ひな菓子
1籠3850円

上生菓子
1個540円（持ち帰りの場合）

七寿づくし
1個720円、紙箱3個入2400円～

◎本書で紹介した菓子や店舗などの情報は2024年9月25日現在のものです。商品の価格は税込価格です。
◎菓子の内容や販売期間は年によって変更になる場合があります。

今西善也（いまにし・ぜんや）

「鍵善良房」15代目当主。1972年、京都・祇園町に享保年間から続く「鍵善良房」の長男として生まれる。同志社大学を卒業後、東京・東銀座「清月堂本店」で修業。その後、「鍵善良房」に戻り、2008年に父の意向で社長交代。京菓子の伝統を守りながら、時代に寄り添う菓子をつくる。2012年、祇園町南側に和菓子とコーヒーを楽しむ「ZEN CAFE」をオープン。2021年、黒田辰秋をはじめ鍵善に残る美術品と祇園町の文化を伝える小さな美術館「ZENBI—鍵善良房—KAGIZEN ART MUSEUM」を開館。館長として、令和5年度、文化庁芸術選奨文部科学大臣新人賞（芸術振興部門）を受賞。フレンチブルドッグのモンちゃんとの朝の散歩や、菓子に彩られた日々を綴るSNSも人気。

X@kagizen
Instagram@zenyaimanishi

鍵善

京の菓子屋の舞台裏

撮影　**宮濱祐美子**　**伊藤信**

装幀・組版　**佐々木暁**

聞き書き・構成　**藤田優**

制作　**高橋佑輔**

資材　**遠山礼子**

宣伝　**一坪泰博**

販売　**阿部慶輔**

編集　**後藤淳美**

2024年11月6日　初版第1刷発行

著者　今西善也

発行者　高橋木綿子

発行所　株式会社小学館

〒101-8001
東京都千代田区一ツ橋2-3-1
☎03・3230・5118（編集）
☎03・5281・3555（販売）

印刷所　TOPPAN株式会社

製本所　牧製本印刷株式会社

ISBN978-4-09-311577-3